Osprey Aircraft of the Aces

BF109D/E Aces 1939-41

John Weal

Osprey Aircraft of the Aces
オスプレイ・ミリタリー・シリーズ

世界の戦闘機エース
11

メッサーシュミット Bf109D/Eのエース 1939-1941

[著者] ジョン・ウィール
[訳者] 向井祐子

[日本語版監修] 渡辺洋二

大日本絵画

カバー・イラスト／イアン・ワイリー　　フィギュア・イラスト／マイク・チャペル
カラー塗装図／ジョン・ウィール　　　　スケール・イラスト／マーク・スタイリング

カバー・イラスト解説
1940年11月28日午後、ワイト島西端の景勝地ニードルズ上空でスピットファイアの後方へ旋回し、56機目の撃墜を果たさんとするドイツ空軍の高位エース、ヘルムート・ヴィック少佐。第609「West Riding」飛行隊のポール・A・ベイロン少尉が操縦するスピットファイアはすでに煙を曳いている。第2戦闘航空団第I飛行隊長ヴィックは、ソーレント海峡上空で高度から英空軍飛行隊に急降下攻撃を行い、この不運なベイロンを単機とした。そしてヴィックが1940年後半に愛機としていたBf109E-4 製造番号5344の機関砲と機銃から放たれた弾丸は、ベイロン機を激しくつらぬいた。
カナダ人エースのキース・A・オジルヴィー少尉は第609飛行隊が第2戦闘航空団第I飛行隊と会敵したこの時、編隊の一翼を担っていた。彼はこの襲撃を以下のように記述している；
「バックミラーに黄色い機首をちらりと見たのは、私は『黄の6』に搭乗し編隊のうしろで軽やかに蛇行しながら、なにも見逃すまいと上方を監視している時だった。その戦術と密集した隊形から、パイロットの頭がおかしいのは明らかだった。私は警告を発し、真んなかの奴が発砲すると同時に降下した。機関砲が胴体を撃ち、私の鼻面をすり抜けた」
最初の攻撃で機体に損傷を負ったにもかかわらず襲撃者から逃れることのできたオジルヴィーは、ボーンマス南方約20マイル（32km）に被弾したスピットファイアから脱出するベイロン少尉を見た。オジルヴィーはこの同僚を追ったが、パラシュートは完璧に開いたにもかかわらず、ベイロンはすでに死亡しているようすで、彼を落胆させた。ベイロンの遺体はのちにノルマンディーの海岸へ打ちあげられた。
一方、戦いの勝利者にも撃墜を祝う時間はわずかしか残されていなかった。この5分ほどのちに、ヴィックは第609飛行隊のトップ・エース、ジョン・ダンダスの犠牲となったのである。

凡例
■ドイツ空軍(Luftwaffe)の航空組織については以下のような日本語呼称を与えた。
Luftflotte→航空艦隊
Fliegerkorps→航空軍団
Fliegerdivision→航空師団
Fliegerfürer→方面空軍
Geschwader→航空団
Gruppe→飛行隊
Staffel→中隊
このうち、本書に登場する主な航空団に以下の日本語呼称を与え、必要に応じて略称を用いた。このほかの航空団、飛行隊についても適宜、日本語呼称を与え、必要に応じて略称を用いた。また、ドイツ空軍では飛行隊の番号などにローマ数字を用いており、本書もこれにならっている。
Jagdgeschwader (JGと略称)→戦闘航空団
Lehrgeschwader (LGと略称)→教導航空団
Zerstörergeschwader (ZGと略称)→駆逐航空団
Stukageschwader (StGと略称)→急降下爆撃航空団
Kampfgeschwader (KGと略称)→爆撃航空団
■このほかの各国の軍事航空組織については、以下のような日本語訳を与えた。
英空軍(RAF＝Royal Air Force)
Group→集団、Wing→航空団、Squadron→飛行隊、Flight→小隊、Section→分隊
フランス空軍(Armee de l'Air)
GC (Groupe de Chasse)→戦闘機大隊（例：GC III/1→第1戦闘機大隊第III飛行隊）
■なお、ポーランド空軍の軍事航空組織について、原書はポーランド語の表記を採用せずに英訳で表記してあるため、日本語版では原則として本シリーズ第10巻「第二次大戦のポーランド人戦闘機エース」の表記によった。
■訳者注、日本語版編集部注、監修者注は[　]内に記した。

翻訳にあたっては「Osprey Aircraft of the Aces11　BF109D/E Aces 1939-41」の1997年に刊行された版を底本としました。[編集部]

目次 contents

6	1章	電撃戦の誕生 birth of the blitzkrieg
19	2章	北海沿岸の防衛 guarding the north sea coast
28	3章	「西部要塞線」の哨戒 patrolling the westwall
38	4章	スカンジナビアの幕間 scndinavian sideshow
44	5章	電撃戦の全盛 the blitzkrieg comes of age
71	6章	バトル・オブ・ブリテンとその後 the battle of britain and after
95		付録 appendices Bf109E型の騎士鉄十字章受賞者 （1940年5月29日～1941年6月22日）
53		カラー塗装図 colour plates
96		カラー塗装図解説
63		パイロットの軍装 figure plates
102		パイロットの軍装解説

chapter 1
電撃戦の誕生
birth of the blizkrieg

中部、および東部ドイツのBf109部隊（1939年9月1日現在）

■第1航空艦隊(北東)司令部；シュテッティン/ポンメルン[ポメラニア]

		本拠地	機種	保有機数/可動機数
第1航空師団（シェーンフェルト/クレズィンゼー）				
I.(J)/LG2：第2教導航空団第I（戦闘）飛行隊	ハンス・トリューベンバッハ大尉	マルツコウ、ロッティン	Bf109E	42/33
JGr.101（II./ZG1）：第101戦闘飛行隊 (第1駆逐航空団第II飛行隊)	ライヒャルト少佐	リヒテナウ	Bf109E	48/48
5.(J)/TrGr.186：海軍第186輸送飛行隊 第5（戦闘）中隊	ゲーアハルト・カドウ中尉	シュトルプ、ブリュステロルト	Bf109B/E	23/23
6.(J)/TrGr.186：海軍第186輸送飛行隊 (戦闘)第6中隊	ハインリヒ・ゼーリガー大尉	シュトルプ、ブリュステロルト	Bf109B/E	23/23
第I航空管区司令部（ケーニヒスベルク/東プロイセン）				
I./JG1：第1戦闘航空団第I飛行隊	ベルンハルト・ヴォルデンガ少佐	グーテンフェルト	Bf109E	46/46
I./JG21：第21戦闘航空団第I飛行隊	マルティン・メティヒ大尉	グーテンフェルト	Bf109D	39/37
第III航空管区司令部（ベルリン）				
Stab/JG2：第2戦闘航空団本部	ゲルト・フォン・マソウ中佐	デーベリッツ	Bf109E	3/3
I./JG2：第2戦闘航空団第I飛行隊	カール・フィーク少佐	デーベリッツ	Bf109E	41/40
10.N/JG2：第2戦闘航空団(夜間戦闘)第10中隊	アルベルト・ブルーメンザート大尉	シュトラウスベルク	Bf109D	9/9
第IV航空管区司令部（ドレスデン）				
Stab./JG3：第3戦闘航空団本部	マックス・イーベル中佐	ツェルブスト	Bf109E	3/3
I./JG3：第3戦闘航空団第I飛行隊	オットハインリヒ・フォン・ ホウヴァルト少佐	ブランディス	Bf109E	44/38
I./JG20：第20戦闘航空団第I飛行隊	レーマン少佐	シュポッタウ	Bf109E	37/36
				335/316

■第4航空艦隊(南東)本部；ライヘンバッハ/シレジア

		本拠地	機種	保有機数/可動機数
第V特務方面空軍（オッペルン）				
JGr.102（I./ZG2）：第102戦闘飛行隊 (第2駆逐航空第I（戦闘）飛行隊)	ハンネス・ゲンツェン大尉	グロース=シュタイン	Bf109D	45/45
Stab(J)/LG2：第2教導航空団(戦闘)本部	バイアー中佐	ニーダー=エルグート	Bf109E	3/2
第VIII航空管区司令部（ブレスラウ）				
I./JG76：第76戦闘航空団第I飛行隊	ヴィルフリート・フォン・ミュラー =リーンツブルク大尉	オットミュッツ	Bf109E	51/45
I./JG77：第77戦闘航空団第I飛行隊	ヨハネス・ヤンケ大尉	北ユリウスブルク	Bf109E	48/43
				147/135

歴史は、約20分前に始まっていた。大半の関連資料によれば、第二次世界大戦が始まったのは1939年9月1日の午前5時45分。ヒットラーが攻撃開始当日、朝の10時過ぎに国会での演説で語った時刻である。総統は、ドイツ国内に放送されたこの演説のなかでポーランドの「長きにわたる挑発」を激しく非難し、これには同じ手段で応える以外に道はないと主張、よって「報復の火蓋は午前5時45分に切って落とされた」のであった。

正確には、この「報復射撃」の一発目——第一次世界大戦時代の戦艦「シュレスヴィヒ=ホルシュタイン」による28センチ（11インチ）砲の一斉射撃——が砲口より放たれたのは、午前5時47分（現地時間で午前4時47分）のことであった。それはダンツィヒ市（現・ポーランド領グダニスク）の軍需品倉庫を目標とした直射砲撃であり、一般的に第二次大戦は「公式上」、これをもって開幕したと見なされている。

ところが、シュレスヴィヒ=ホルシュタインが砲撃を開始する21分前の午前4時26分、まぎれもなく、ポーランドに対する最初の明白な戦争行為の一環として、東プロイセンの前進空軍基地からユンカースJu87急降下爆撃機の3機編隊が離陸していた。中隊長のブルーノ・ディライ中尉が率いる第1急降下爆撃航空団第3中隊（3./StG1）の3機のシュトゥーカは、それぞれ250kg爆弾1発に加え、主翼の下に50kgの小型爆弾4個を装着していた。彼らはただちに南西方面へ針路をとり、向かった先は、飛行時間わずか8分、ヴィスワ川にかかるディルシャウ（現・ポーランド領チェフ）の鉄道用の鉄橋であった。しかし、任務は橋を破壊することではなかった。

ポーランド回廊には、ドイツ本国とその東部に孤立する東プロイセン州とを繋ぐ全長100kmの鉄道が走っており、その鉄道沿いにおいて、ディルシャウ橋はその巨大さにもかかわらず、最大の危険を孕んでいた。戦時に備え、橋にはポーランド軍によって爆薬が仕掛けられていたのだ。ディライの目標は、

第二次世界大戦最初の斉射。ダンツィヒの港湾運河中流に停泊中の第一次大戦以来の古参戦艦「シュレスヴィヒ=ホルシュタイン」は、その28センチ（11インチ）砲の照準をヴェスタープラッテのポーランド軍陣地に合わせ、水平射撃でわずか250mの距離から発砲した。

ディルシャウ駅周辺から問題の橋へ、土堤沿いに設置されていたケーブルであり、ドイツ軍の最初の陸上部隊を乗せた装甲列車が到達する前にケーブルを切断し、橋の爆破を食い止めることが、彼の任務であった。

ディライの編隊は、霧に覆われたヴィスワ平野を高度10mで飛びながら、ケーブルと、発火点を守る防塞に爆弾を命中させたが、彼らの奮闘も、結果的には無駄な骨折りに終わった。ポーランド軍は装甲列車の運行を妨害する間に、ケーブルを修復し、ドイツ軍部隊が到着する直前の午前6時30分に橋の爆破に成功したのであった。

かくして、第1急降下爆撃航空団が第二次大戦初の爆撃に成功を収める一方で、もうひとつの急降下爆撃航空団──第2急降下爆撃航空団(StG2)『インメルマン』──は、最初の空中戦果を記録していた。それは午前4時45分過ぎ、同航空団第I飛行隊(I./StG2)がクラクフのポーランド軍空軍基地を攻撃すべく、オーバーシュレージェンのニーダー=エルグートから飛び立ち、うかつにも、その帰途で、バリツェ[クラクフ近郊、現在クラクフ=バリツェ国際空港がある]上空に侵入してしまったときのことだった。

バリツェは戦争が始まろうかというころから、ポーランド空軍主力が分散配備されてきた、多くの秘密予備基地のひとつであり、当時は、クラクフ軍に配属された第121飛行隊のPZL P.11がそこに駐機していた[本シリーズ第11巻「第二次大戦のポーランド人エース」84頁、1939年9月1日の戦闘序列を参照]。頭上にエンジンの唸り声を聞いた中隊長のミエチスワフ・メドヴェッキ大尉は、ヴワディスワフ・グニッシ少尉を僚機に従え、ただちに緊急発進した。2機は、高度300mを越え、さらに上昇を続けながら目の前を横切る1機のシュトゥーカに戦いを挑んだが、背後に接近中の別の1機には気づいていなかった。そのフランク・ノイベルト少尉はJu87『グスタフ=クーアフュルスト[Gustav=Kurfürst=グスタフ選帝侯]』(機体コード；T6+GK)の主翼から、メドヴェッキのコックピット目がけて機関銃を短く連射した。P.11は「突如、空中で爆発、巨大な火球のようにはじけ、無数の破片が正に」少尉らの「耳の周りを駆け巡った」。不運な中隊長がドイツ空軍に大戦初の空中戦果を提供したのを見たグニッシは大急ぎで機体を上昇させ、騒々しいJu87の群れから遠ざかったが、その先で同じく早朝のクラクフへの連携爆撃から戻ってきた第77爆撃航空団(KG77)所属の2機のドルニエDo17Eに遭遇した。グニッシはこの両爆撃機に射撃を加えたのち、丘の向こうへ飛び去った2機を見失ったが、実のところ2機のドルニ

第1急降下爆撃航空団第3中隊のシュトゥーカによる第二次大戦最初の空中攻撃は、ポーランド軍工兵によるディルシャウ鉄道橋(写真左側)の破壊を食い止められなかった。

エはたがいに100mと離れていない場所に墜落し、ズラダという村にその残骸を散乱させていた。ドイツ空軍は第二次大戦最初の戦果をあげてすぐに、最初の2機を喪失していたのであった。

ポーランド戦のBf109
Fighter's Role

Ju87部隊による開戦当初からの献身的な尽力は、作戦のその後を暗示していた。なぜなら、ポーランドに対する空中の電撃戦は、シュトゥーカの戦争と呼ぶにほぼ等しかったからである。先の長距離爆撃航空団やヘンシェルHs123複葉地上攻撃機装備の飛行隊1個と連係してこれらの急降下爆撃機は針の先のような目標をとらえ、地上部隊の前進路からすべての障害を取り払うなど、軍の「空飛ぶ砲兵隊」として課せられた役割を完璧に果たしていた。なお当時、ドイツ空軍の無数の爆撃機やシュトゥーカを守る、戦闘機護衛の役割を担っていたのは、主に双発の新型Bf110駆逐機であった。そのころは未だ、「駆逐機」もしくは重戦闘機とも呼ぶ機種の生来の弱点が露呈しておらず、ポーランド空軍は依然、Bf110を最大の脅威とみなしていたという。

これにくらべ、メッサーシュミットBf109単座戦闘機のポーランド空戦における任務は、ほとんど補佐的なものばかりであった。東部方面に配置されたドイツ空軍の2個航空艦隊について、その戦闘序列を表した本章冒頭の表によれば、はるか後方の、地方の航空管区の指揮下には防空任務用に7個飛行隊が控置されていたにもかかわらず、前線司令部に配属されたBf109装備の飛行隊は書類上でわずか4個(さらに別の1個飛行隊の2個中隊を含む)にすぎなかった。しかもポーランド上空で戦った部隊のうち、多くは、18日間にわたる同作戦が完了するよりかなり以前に撤収を命じられていた。ベルリンの指導者たちがより脅威を感じていたのは、明らかに、東方で交戦中のポーランド軍よりも、9月3日に宣戦を布告したイギリスとフランスによる西方からの攻撃の可能性であったのだ。事実、ドイツの首都は、かつて参戦の日にロンドン市民を防空壕へ走らせた、かの有名な「誤警報」のベルリン版を経験していたが、ただしこのたびの犯人は、フランスからの臨時の旅客機ではなく、なんと、ポーランドへの空襲から戻ってきたHe111爆撃機の編隊であった。

[1939年9月3日、午前11時15分、英国首相チェンバレンはBBCラジオから国民に対しドイツと戦争状態に

ポーランド戦ではこのようにして敵機認識法の講習が行われた。体操服姿のパイロットたちが、砂箱に設置された双尾翼型複葉機の簡単な模型に見入っている。しかし、訓練生ではあるまいし、はたしてこんな方法で差し迫った戦闘は戦えるのか。

前線では、平時体制の規制はしばしば効力を失い、まもなく搭乗機に自分のトレードマークを印す者も出現。この身元不明のBf109Eには、当時の人気マンガ「マックスとモーリッツ」に登場する二人組の片割れマックスが描かれている。とすれば、カウリングの反対側はモーリッツであろうか。

リヒトナウに配備していた第101戦闘飛行隊（第1駆逐航空団第II飛行隊）の中隊の面々。写真中央、Bf109E型に描かれた「走る犬」のマークの下で、すでに第2級鉄十字章を佩用しているのはディートリヒ・ロビッチュ中隊長である（49頁の写真を参照）。

あると宣言（本書19頁を参照）。放送終了から数分ののち、ロンドンで空襲警報のサイレンが鳴り響き、多くの市民が地下室、防空壕、地下鉄の駅へと避難する騒ぎとなった。これはその後6年にわたって何度も繰り返されることになる「誤警報」の最初として英国人に記憶されている］

　またBf109はだれもが認める卓越した戦闘機であったわりには、ポーランドへの砲火の洗礼においても、速やかな確たる成功を遂げられなかった。北部ではあのブルーノ・ディライによるシュトゥーカでのディルシャウ橋攻撃を危うくしていた朝もやが、第1航空師団の部隊をも悩ませていた。同朝、ハンス・トリューベンバッハ麾下の第2教導航空団第I（戦闘）飛行隊（I.〈J〉/LG2）パイロットたちは、午前3時15分に起こされたものの、正午の2時間前にようやく離陸。この開戦当日中には護衛任務のために全部で4回空に上がったが、実際、初めてポーランド空軍機と遭遇して3機のP.11戦闘機を撃墜したときには、日付はすでに9月4日となっていた。このときの勝者のひとり、クラウス・クヴェト・ファスレム少尉は、その後さらに48機の撃墜を記録し、1944年9月30日にブルンズウィック付近での対米戦で戦死したときには、第3戦闘航空団第I飛行隊（I./JG3）の隊長にまで昇進していた。このほかにも、のちに多数の戦果を獲得し、高位の勲章を授かった戦闘機パイロットの多くは、このポーランドでの緒戦のころに最初の戦果を収めていた。

■ 第2教導航空団第I（戦闘）飛行隊の戦い
I(J)/LG2

　第2教導航空団第I（戦闘）飛行隊は、その後9月9日に支援先の第4軍の前進と歩調をそろえるべく、ブロムベルク周辺のラウエンブルクに移動、ここでは前線を索敵攻撃［Freie Jagd=2機から4機程度の少数で行う索敵攻撃、相手の不意をついて攻撃をかけたのちただちに離脱する］中に、さらに敵機4機──いずれも緊急の偵察、連絡任務を押し付けられたPWS.26──を撃墜したと報告した。このときもまた、撃墜された4機中2機はのちのエースパイロット

粗っぽく描かれた前ページの記章とは異なり、この黒い「弓なりに背を曲げた猫」は、第20戦闘航空団第2中隊(のちの第51戦闘航空団第8中隊)の公式の中隊章であった。車輪止めを外す前にエンジンをふかしているこの「赤の7」号機のパイロットは、のちに第2戦闘航空団第9中隊へ異動となったルディ・ローテンフェルダー。彼は1940年5月、「蚊」をモチーフにした有名な中隊章をデザインしたことにより、3日間の特別休暇を与えられた。

これも個人マークの一例。ヨーゼフ・ハインツェラーは、彼が子供のころに飼っていた犬の名と彼の妻に敬意を表し、「黒の12」号機に「シュナウツルス」と命名。第2教導航空団第2中隊(戦闘機)員であったハインツェラーは、1940年の英仏海峡戦でも搭乗機に同じ名を付けている。

──フリードリヒ・ガイスハルト軍曹とエルヴィーン・クラウゼ曹長の2名──とともに柏葉騎士鉄十字章を受章し、1943年の戦死の際には本国防空の飛行隊長(それぞれ第26戦闘航空団第Ⅲ飛行隊〈Ⅲ./JG26〉と第11戦闘航空団第Ⅰ飛行隊〈I./JG11〉)を務めていた──が仕留めたものだった。その翌日の9月10日にはガイスハルト自身もP.11戦闘機の餌食となった。彼はポーランド軍の捕虜となったが(この間、彼はドイツ空軍のカラーである青いニットのセーターという軽装であったため、スパイ容疑で射殺されそうになった)、数時間後には、その後のシュトゥーカの襲撃による混乱のなかで脱出に成功、もうひとりの脱走兵とともに馬2頭を奪い、苛酷で危険な5日間の逃亡の末、ドイツ軍占領地にたどりついたのであった。

9月15日、第2教導航空団第Ⅰ(戦闘)飛行隊は、さらに前方の、ワルシャワの真北50数km地点のプウトゥスクへ移動したが、このころはもうすでに、敵機の抵抗はほとんど途絶えていて、同飛行隊は、この日からガシュの平時基地に撤収する9月20日までのあいだ、数回の地上攻撃を命じられるに留まった。

ドイツ海軍輸送飛行隊のBf109
Träger Gruppe

第1航空師団には海軍第186輸送飛行隊(TrGR.186)も所属していた。それはシュトゥーカ1個中隊と戦闘機2個中隊から成る混成部隊であり、いずれは当時建造中だった航空母艦「グラーフ・ツェッペリン」号へ乗務するはずであった。同部隊が9月1日に予定していた最初の任務──シュレスヴィヒ=ホルシュタイン号がヴェスタープラッテのポーランドの飛び領土を砲撃するあいだこれを掩護するというもの──は、やはり早朝の霧が一帯を覆ったために実施不可能となった。しかし、その後ポーランド軍の海軍基地ヘラ(現・ヘル)を攻撃の際には、2個のBf109中隊が第186輸送飛行隊(急降下爆撃)第4中隊(4.St/186)のJu87の護衛を務めた。あるパイロットは、このときの激しい高射砲火が彼らの新兵2名の命を奪い戦争の残酷な現実を初めて思い知らされたと、のちに語っている。

9月2日、2個中隊は同じくシュトゥーカの護衛としてさらに2回の任務飛行を何ら問題なくこなし、それから24時間後にグーテンフェルトへ移動した。彼らはこの東プロイセンの基地に3日間留まったが、出撃には至らず、9月6日には北海沿岸のハーゲへ戻ってきた。

第1戦闘航空団第Ⅰ飛行隊
I./JG1

東プロイセンを本拠地とした2個の戦闘飛行隊のうち、第1戦闘航空団第Ⅰ飛行隊(I./JG1)のポーランド戦における任務はさらに短期で終了した。ベルンハルト・ヴォルデンガ少佐は、戦闘勃発前に指揮下の中隊を3つの戦場へ分散配備するという予備策を講じていたが、結局はその必要もなかった。第3軍による東プロイセンからワルシャワ方面への最初の南進が、ポーランド空軍の妨害をほとんど受けずに進行したのである。第1戦闘航空団第Ⅰ飛行隊はほかの部隊と同様に数回の地上攻撃を行うあいだに、多くの故障に見まわれパイロット1名が軽傷を負っていた。そうこうするうちにも、第1中隊は9月4日(英仏の宣戦布告から24時間以内)までに撤収を開始、一両日中には全飛行隊が西部戦線への移動に先立ち、イェーザウの常用基地に引き揚げていった。

第21戦闘航空団第I飛行隊
I./JG21

　東プロイセンに駐屯したもうひとつの飛行隊、第21戦闘航空団第I飛行隊（I./JG21）にとって、ポーランド戦開始当日はほとんど何事もなく終了していた。この日の飛行隊はワルシャワを爆撃する予定のHe111編隊を護衛するよう、同地区南部のアリス＝ロストケン（現・ポーランド領オジシュ）の前進基地から命令を受領。あたり一面の霧のなかで何とか爆撃機部隊と会合できたものの、ハインケルの射手は彼らを敵の戦闘機と間違い、射撃された。飛行隊長のマルティン・メティヒ大尉は認識用の信号を放とうとしたが、照明弾がうまく作動せず暴発、コックピット内を赤や白のまばゆい火の粉が荒れ狂った。手と腿を負傷し、煙で何も見えなくなったメティヒは、キャノピーを投棄、それと同時にアンテナとその支柱を失い、基地へ取って返した。そして彼の飛行隊の大半は、いまや隊長との無線連絡も途絶え、依然視界も悪いため、ただちに隊長のあとを追ったのであった。

　彼らはロストケン着陸後に初めて、かくも早い帰還の本当の理由を知り、それから作戦を続行した者たちの安否を案じた。当の本人たちは、散開したものの一群のP.11戦闘機に遭遇し、何の損害もなく敵機4機を撃墜したと報告された。このときの勝利者のひとりはグスタフ・レーデル少尉で、将来は柏葉騎士鉄十字章受章者となり、全戦果98機中96機は西側連合軍機という撃墜記録とともに、生きて終戦を迎えた。

　さまざまな運勢が交錯した第21戦闘航空団第I飛行隊の初日はこのようにして終了した。飛行隊はそれ以降、同作戦の終了までポーランドとの戦闘を継続しつつさらに2機の戦果を加え、10月9日にようやく西部へ移動となった。

ポーランド空軍第41偵察飛行隊のPZL P.23カラッシュ「白の9」号機。同機は、同軍がめずらしくもドイツの東プロイセン領空に侵入した際に撃墜されたといわれている。

一方この間、南部では、おそらく本土防衛のためシレジア地方ブレスラウの第VIII航空管区に所属したと思われる2個の戦闘航空団もまた、ポーランド軍との局地戦を展開していた。

第76戦闘航空団第I飛行隊
I./JG76

フォン・ミュラー=リーンツブルク大尉の第76戦闘航空団第I飛行隊（I./JG76）は、元オーストリア空軍の直系部隊であり、その今は無きオーストリア空軍の第II戦闘航空団（Ja Geschw II）の幹部らを中心に創設されていた。飛行隊は戦争勃発と同時に、オットミュッツの基地から前方のシュトゥーベンドルフ飛行場へと移動。9月3日、大戦最初の戦果——そして損害も——が報告された。それはディーター・フラバク中尉率いる第76戦闘航空団第1中隊（1./JG76）の半ダースあまりのBf109が、チェンストホーヴァ空域の索敵哨戒任務に出撃したときのことであった。

一行はペトリカウ付近で3機のPZL P.23カラシュ軽爆撃機を発見、急降下して攻撃を開始したが、1回目はオーバーシュート、2回目の攻撃もまた、ポーランド機が超低空に逃げ込んだため同じ結果に終わった。Bf109のパイロットたちは、速度を落とすため、プロペラを低速ピッチに合わせ、フラップを下げた。約200km/hで失速寸前になった機体は大きく横に揺れながらも、カラシュの後部射手の応射をものともせずに、3度目の攻撃にとりかかった。このときルードルフ・ツィーグラー少尉が放った一撃で、ポーランド機のうちの1機は高度30mから地面に激突した。しかし、今度は残された2機からの攻撃で中隊長機がラジエーターに被弾、ディーター・フラバクは、敵戦線背後への緊急着陸を余儀なくされたものの、首尾良く脱出に成功し、まもなく自分の部隊に合流した。このような不運なスタートを切ったにもかかわらず、彼はやがて、5代目かつ最後の第54戦闘航空団（JG54）司令に就任し、柏葉騎士鉄十字章を受章などするうちに、戦果を最終的に125機にまで積み重ねた。

第76戦闘航空団第I飛行隊は西部へ移動となるまで、ポーランドでさらに成功を重ねていった。9月5日には、ある名飛行士が対ポーランド戦初の戦果を収め、大記録をさらに更新した。その名も「フィプス」ことハンス・フィリップは、100機撃墜を達成した4番目のパイロットであり、その後2番目という早さで戦果を200機の大台に乗せている。剣付柏葉騎士鉄十字章を受章した彼は、206機目を最後の戦果に、1943年10月8日、第1戦闘航空団司令としてドイツ北部でP-47と戦闘中に戦死した（「Ospey Aircraft of the Aces 9——Focke-Wulf Fw190 Aces of the Western Front」を参照）。

第77戦闘航空団第I飛行隊
I./JG77

シレジアのもうひとつの本土防空部隊、第77戦闘航空団第I飛行隊（I./JG77）もまた、同様にP.23カラシュ偵察爆撃機3機の破壊をもってポーランド戦の得点表を開設、そのうちの最初の1機はカール=ゴットフリート・ノルトマン少尉が9月3日に撃墜したものだった。このとき、機速を半減するためにフラップのみならず、降着装置をも下げてカラシュへの攻撃にとりかかったノルトマンは、敵機を確実に仕留めることにおいて第76戦闘航空団第I飛行隊員の

第102戦闘飛行隊（第2駆逐航空団第I飛行隊）長のハンネス・ゲンツェン大尉は、ポーランド戦唯一のBf109のエースであった。

だれよりも秀でていた。彼はのちに柏葉騎士鉄十字章を受章し、78機の撃墜記録とともに終戦を迎えることになる。それから48時間後、ポーランド戦における飛行隊第2の戦果は、ハンネス・トラウトロフト大尉が獲得した。不朽の名パイロットであるとともに戦闘機部隊の類まれな名指揮官のひとりでもあった彼の57機という最終戦果には、スペイン内戦の際、コンドル軍団で撃墜を報じた4機も含まれていた。

ポーランド戦唯一のBf109エース
Polsh Campaign's Sole Bf109 Ace

ここに紹介した戦果以外に、2機以上の敵機を撃墜した者はほとんどいない。多くのパイロットたちが名声を得るのは、まだ先の話なのだ。しかし、ポーランド侵攻作戦は確かにひとりのエースを輩出していた。一度の出撃で撃墜した敵機の数は、伝説のヴェルナー・メルダースを上回るにもかかわらず、その男の名はほとんど知られていない。彼より10歳以上若い戦友たちがその後に獲得した数々の栄誉にくらべ、彼の第一級鉄十字章はあまりに慎ましく、そしてなにより、彼は装備不足からBf109をあてがわれたパイロットであった。

ドイツ空軍内において、「駆逐機」概念の誕生は約1年前の1938年11月1日に遡る。この日初めて、「軽」戦闘機（空軍航空管区の下で本土防衛任務を担当）と「重」戦闘機（作戦航空師団に従属し、前線に出て戦う）の区別がなされ、「重戦闘機」という名称は、1939年1月1日をもって駆逐機と呼ばれるようになった。新しい駆逐航空団には、同様に生まれたてのBf110C双発長距離護衛戦闘機が装備される予定であったが、エンジンに問題が発生したことから、開

第102戦闘飛行隊は1936年にベルンブルクで第232戦闘航空団第Ⅰ飛行隊として誕生。その出身地に因み、地元で愛されていたキャラクター「ベルンブルクの狩人」が、飛行隊章として正式に採用された。

次の任務に備え再武装中の、第102戦闘飛行隊のBf109D型。風防ガラスの下に、わずかに覗いている丸いマークに注目。

戦時までに計画通りの機種を装備できたのは、10個の駆逐航空団中3個に過ぎなかった。残りの7個については、とりあえずBf109単発戦闘機の旧型が支給され、このうちの5個は一時的に戦闘飛行隊の名称で呼ばれることとなった。

グロース＝シュタインを本拠地とする第102戦闘飛行隊（JGr.102）──別名第2駆逐航空団第I飛行隊（I./ZG2）──は、こうした5個のうちの1個であり、フォン・リヒトホーフェン少将の第Ⅴ特務方面空軍（Fliegerführer z.b.V）に戦闘機戦力を提供していた。方面空軍《フリーガーフューラー》とは、特別任務司令部部隊のことで、第102戦闘飛行隊のほかには、3個の急降下爆撃飛行隊[Stukagruppe]と、ポーランド軍防御陣地の心臓部を狙った電撃攻撃の先鋒役として、ドイツ空軍唯一の地上攻撃隊が所属していた。

この砲弾孔だらけのクラクフの飛行場は、第102戦闘飛行隊のBf109D型が、ポーランド中南部を東進する際の基地として、一時的に使用された。

かくして、35歳のハンネス・ゲンツェン大尉を指揮官とする第102戦闘飛行隊は、激戦の真っ只中に置かれる覚悟であったが、彼らにとってさえ初日は比較的静かに過ぎていった。ポーランド軍機は、彼らが護衛を務めたシュトゥーカのヴィエルニ攻撃には姿を現さず、唯一認められた敵の動きは、遠方にいくばくかの軽高射砲が観測されたことだった。

しかし2日目の状況は一転した。この日、ゲンツェン大尉は払暁とともに空に上がりポーランド軍爆撃機の小編隊に遭遇。そのうちの1機を撃墜し、ただちに最初の戦果を自ら報告した。ところが栄誉を一身に集めたのは、その後同じ日の午前中にウッジ上空を索敵攻撃して、複数の戦果を獲得したヴァルデマー・フォン・ローン中尉の第102戦闘飛行隊第1中隊であった。

「私がウッジ上空1000m付近で、広い梯形の飛行中隊を先導していたとき、前方に2機のポーランド機が見えた。そのうちの1機は上方を飛んでいたので、私は手近な方から攻撃を仕掛けた。まもなく下方へ滑空し始めた敵機を見て、私の射撃でエンジンが損傷したに違いないと思った。その後、我々はそのすぐうしろを追跡し、唖然とした。敵機はまぎれも無く、巧みに偽装された飛行場に着陸しようとしていた。もしこのような低空を飛ばなかったら絶対にそうとはわからなかっただろうが、この高度では、5機の敵爆撃機が一列に並び、そのグリーンとブラウンの迷彩塗装を飛行場の土壌と完璧なまでに同化させている光景を、はっきりと確認できた。

「その間に私が損傷させた敵機は着地とともに機首を突いて転倒し炎上、パイロットは機外へ飛び出して物陰へ逃げ込んだ。我々は一列の敵爆撃機の上を低空で飛びながら掃射し、それらも同様に炎上させた。すると今度は飛行場の真んなかにうさん臭い干草の山が置かれているのにふと気づいた。偽装された燃料タンクだろうか？ いま一度の地上掃射で干草は燃え始め、その下から茶色に塗られた4機の戦闘機が姿を現した。炎がやがてそれらの機体にも燃え移ると、蟻の巣を突いたように、四方八方に駆けてゆく地上員が見えた。

「これらはすべて、ある小作農園のど真んなかでの出来事であり、我々は地元市民にさぞや盛大な航空ショーを披露したにちがいなかった。
「やがて今度は我々の上空を旋回していた別のポーランド機が螺旋降下で仲間の1機に突進してきた。だが、彼が攻撃をかわして機体をバンクさせたのち、別の僚機がこのポーランド機を攻撃して撃墜した」

フォン・ローンが率いる8機のBf109Dはさらに、グロース=シュタインの基地へ戻る途中に4機のポーランド軍爆撃機に遭遇し、それらも撃ち落とした。かくして同飛行隊はゲンツェンの最初の獲物も含め、この日一日で総計16機——戦闘機2機と爆撃機5機を撃墜、戦闘機4機と爆撃機5機を地上で破壊——の戦果を収めたのであった。

第102戦闘飛行隊ではその後も日に3、4回の任務飛行が続いた。ゲンツェン大尉は、敵空軍活動の減衰に伴い、ポーランドでのBf109パイロットの活動状況を次のようにまとめている。

「敵戦闘機の追跡には、特に困難をきたしている。ポーランド軍は偽装に長けており、その機体は実に見事な配色で、オリーヴブラウンの迷彩が塗装されている。いったん所在が確認できれば、それを撃ち落とすことはさほど難しくないが、我が戦闘機は格段に速いため、めったに格闘戦には至らない。状態が良ければ高速で(できれば太陽を背にして)一撃をかけて航過するか、さもなくばそのまま飛び去って別の目標を探す方がよい」

第102戦闘飛行隊は数日間を敵の輸送列車や移動縦隊への機銃攻撃に費やしたのち、クラクフへと進んだ。それまでグロース=シュタインの城で味わってきた贅沢とは程遠く、今度は砲弾孔だらけのポーランド軍の飛行場で、テント生活を余儀なくされた。しかし、クラクフ滞在は長くは続かなかった。48時間後には、デブリツァへの移動が始まった。デブリツァにはふたたび頭上を覆う屋根があるばかりか、彼らの故郷ベルンブルクの市長の好意で、Ju52輸送機が飲食物の詰まったビール箱を満載してやってきた。

そしてデブリツァに滞在中の9月13日、1機の偵察機が彼らの頭上に飛来し、旋回をはじめた。機上の観測兵は注意をうながそうと手を振っており、やがて、ひらひらと舞い落ちるものがあった。落下物の正体は、ハンカチ2枚を結んでつなげたもので、そこには「ブロディ飛行場に敵機が多数集結」とのメッセージが、現地の陸軍司令の署名付きで書かれていた[ドイツ軍の偵察機部隊は任務の性質上、地上軍司令部の指揮下におかれていた]。戦果獲得のひさびさのチャンス到来に、うかうかしてはいられなかった。出撃可能なすべての戦闘機は緊急発進を命じられ、すでに哨戒に出かけていた、ヨーゼフ・ケルナー=シュタインメッツ中尉の第102戦闘飛行隊第3中隊(3./JGr.102)もほかの部隊のあとを追った。ブロディ(現・ウクライナ領ブロドフ)はポーランドの東端に位置し、ソ連との国境からは60kmと離れていなかった。ポーランド軍の爆撃集団の一部が一時的に避難し

PZL P.37ウォッシュ爆撃機の残骸。ブロディの飛行場で第102戦闘飛行隊の地上攻撃に曝されたのと同じ型であるが、プロペラが曲がっていることから、この写真の機は不時着後に炎上したものと思われる。

ていた、付近のフトゥニキ飛行場は森の真んなかの小さな空き地にすぎなかったが、ゲンツェンは自分の飛行隊を確実にその場所へと誘導した。そして早速攻撃を開始しようというとき、部下のひとりから連絡が入った。『左下方に敵機発見』。見れば、梢の上あたりに8個の茶色い機影があった。ゲンツェンは、まったく気づいていない複座のポーランド軍機のうしろに急降下した。敵機には明らかに後部射手が乗っていなかった。彼は瞬く間にそのうちの4機を撃墜し、残りの4機もほかの飛行隊員の餌食となった。

　目標はふたたび地上の敵機に戻された。飛行場ではすでに騒音を聞きつけた防御部隊が戦闘準備を整えていた。彼らの攻撃により、Bf109Dのうちの1機が被弾し、煙と炎を曳きながら姿を消したが、そのほかの機は、燃料不足からやむなく攻撃を中断し、200km以上離れたデブリツァへ引返さざるを得なくなるまで、報告されたP.37ワッシュ爆撃機数機の破壊をも含め、敵にかなりの損害を与えていた。彼らは、それから24時間後、地上撃破を完了させるとともに、行方不明となったフリッツ・リンダー軍曹の捜索を開始すべく、ふたたびブロディに舞い戻った。飛行隊は結局、2日にわたるブロディ攻撃において、撃墜と地上撃破あわせて26機を報告した。予備役の一軍曹であり、平時は大学病院で主任医師を務めていたリンダーの消息についてはつかめなかったが、彼は実のところ、炎上するメッサーシュミットで不時着に成功したのち、脊椎を2箇所損傷しつつも南を目指し、友好国スロヴァキアへ到達していた。

　9月17日、ポーランドは東部よりソ連軍の侵攻を受け、崩壊は確実となった。ハンネス・ゲンツェン大尉は同作戦中、Bf109全パイロット中最高の戦果をあげ、7機の撃墜記録をもって唯一のエースとなった。第102戦闘飛行隊全体では破壊した敵機の数は全部で78機、このうちの29機が空中戦での戦果であり、同部隊はポーランドのBf109飛行隊としては抜群の功績を残した。

ドイツ空軍の損害
Luuftwaffe's Loss

　なおドイツ空軍は同作戦において67機のBf109が失われたことを確認しているが、投入された戦闘飛行隊が比較的少なかったわりに、損害は大きかった。地上攻撃によって一度に多数が損傷し除籍になったのかもしれないが、原因はもうひとつ考えられる。第21戦闘航空団第Ⅰ飛行隊が開戦当日、護衛しようとしたハインケルの編隊に発砲された事件は、あながち無関係な例ではなかろう。同作戦中「誤射」事件は「空対空」と「地対空」の両方で終始あとを絶たなかった。ポーランド軍筋の推測によれば、同国空軍の約1割がこのようなかたちで失われ、ドイツ軍高射砲が報告した撃墜記録の2倍のポーランド機が、味方の高射砲部隊によって撃ち落されていた。この逆もまた然りであったのだろうか。その後何カ月かのあいだに、Bf109の主翼の十字が急に大きく描かれ始めたのも、そのような事情からかもしれない。

chapter 2
北海沿岸の防衛
guarding the north sea coast

北西ドイツのBf109部隊（1939年9月1日現在）

■第2航空艦隊本部；ブルンスヴィック

		本拠地	機種	保有機数/可動機数
第XI 航空管区司令部（ハノーヴァー）				
II./JG77：第77戦闘航空団第II飛行隊	カール・シュマッハー少佐	ノルトホルツ	Bf109E	33/33
Stab/ZG26：第26駆逐航空団本部	ハンス・フォン・デーリング中尉	ファレル	Bf109D	3/1
I./ZG26：第26駆逐航空団第I飛行隊	カール・カシュカ大尉	ファレル	Bf109D	43/39
JGr.126（III.ZG26）：第126戦闘飛行隊 （第26駆逐航空団第III飛行隊）	ヨハネス・シャルク大尉	ノイミュンスター	Bf109D	46/41
				125/114

　西部戦線の戦いは東部戦線より明快なかたちで始まった。英国政府はポーランドとの条約に従い、ドイツに対してすべての攻撃作戦を止め全軍をポーランドより撤退させるよう、ヒットラーへ通告していた。期限は9月3日午前11時に定められたが、要請は受け入れられないまま約束の時を迎えた。そして15分後、ネヴィル・チェンバレン首相は、ダウニング街から次の声明を発表した。

「……したがって、我が国はドイツと戦争状態にある」

　ポーランド軍に物質的支援を与えられないイギリスとフランス（同日17時30分にドイツに宣戦を布告）にとって、唯一の選択肢は、西方において攻撃態勢をとり、ヒットラーを二正面での戦争に追いやることであった。この新たな西部の戦場は否応なし、仏独国境沿いの陸上の戦線と、北に臨むドイツの海岸線との完全に分離したふたつの地域に分かれ、ふたつの戦域のあいだに介在する北海沿岸の低地諸国は、当初、両陣営の厳しい監視の下で中立を保った――両軍は同地区へのいかなる侵入も上空侵犯も固く禁じられていた。そして戦闘がドイツの北海沿岸で幕を開けた。

　チェンバレンがイギリス国民に戦争突入を告げてからわずか90分後の12時50分、1機のブレニム爆撃機が、ヴィルヘルムスハーフェンのドイツ艦隊を偵察すべく離陸した。英軍はその日の午後から爆撃を開始、異なる5個の飛行中隊から編成されたブレニムIVとハンプデンの混成部隊27機を、ヴィルヘルムスハーフェン沖に停泊中の軍艦の攻撃に出動させた。また、その北東80kmあまりのブルンスビュッテル沖、エルベ川河口付近へも、投錨中の巡洋戦艦「シャルンホルスト」と「グナイゼナウ」を攻撃すべく、ウェリントン14機を送り込んだ。しかし一帯は深い霧に包まれ、出撃した爆撃機のうちおよそ半分は目標発見に失敗、またさらに、そうした24機のうちの7機はついに帰らなかった。

第二次世界大戦で英軍機（第9飛行隊のウェリントン）を撃墜した最初のパイロットであると、長年いわれてきた、第77戦闘航空団第6中隊の元コンドル軍団員、アルフレート・ヘルト曹長。

英空軍が同大戦初の爆撃で失った第107飛行隊のブレニムIV 4機のうちの2機の残骸。手前でひっくり返っている尾部は、海軍の高射砲に撃墜されたN6184の一部で、ヴィルヘルムスハーフェンの港から引きあげられたもの。後方は、1939年9月4日に第77戦闘航空団第4中隊のメッツ少尉によって、ブレマーハーフェン北部で捕捉され、ドイツ空軍が仕留めた3機目の英爆撃機となったN6240号の残骸。

英国空軍との初空戦
II./JG77 in Combat

　カール・シュマッハー少佐の第77戦闘航空団第II飛行隊(II./JG77)が、ヴィルヘルムスハーフェンとブルンスビュッテルから等距離にあるノルトホルツに到着したのは、わずか数日前のことだった。彼らはそれまでボヘミアのピルゼンに駐屯し、近隣にあるシュコダの製鉄および軍需コンビナートの防衛を表向きの任務としていた。同飛行隊の歴史はドイツ空軍のなかでも特に古く、起源は、海軍および沿岸防衛戦闘機部隊として最初に創設された1934年に遡ることができる。飛行隊はそのとき以来、長年にわたって北海やバルト海の沿岸で活動を続けてきたわけで、今回の移動は、惜しくも彼らの独特の経歴と可能性が、陸地に閉ざされた中央ヨーロッパ奥地の飛行場に置き忘れられていることに、司令部内のだれかがふと気づいたからに相違なかった。

　シュマッハーのBf109部隊は先述の両敵編隊と交戦し、現在、第二次大戦で初めてドイツ空軍の犠牲となった英空軍機は、ブルンスビュッテルに派遣された方の、第9飛行隊A小隊のウェリントン2機であったと言われている。これに関与した2名のドイツ軍パイロットはともに下士官で、そのときの印象を次の様に記録している。

　まずはアルフレート・ヘルト曹長の場合。

　「ほかの中隊機がまだかなり後方を飛んでいたころ、私は早くも英軍機を発見し、最初の連射を放ったが、敵の後部射手も同等に撃ち返してきた。我々は何度か機銃を掃射し、エンジンをがならせながら互いに高速ですれ違った。やがて2機が激しくもみ合ながら、はるかヤーデ湾上空にまで迷い込んだとこ

ろで、英国人は加速して私の攻撃をかわすため急降下に入った。私がトミー[イギリス兵]を下へ下へと追い詰めていくと、突如、その爆撃機の左側から長い火炎が噴き出した。どうやら制御が利かなくなったらしく、ふらふらと飛ぶ敵機を仕留めるにはあと一連射で十分だった。私は、頭から墜落していった敵機を見届けるために旋回したが、見えたのは海面上で炎上する残骸だけで、それも数秒後には海中へと消えてしまった」

そしてハンス・トロイッチュ曹長は次のように伝えている。

このハンス・トロイッチュ曹長もまた、1939年9月4日の18時15分にブルンスビュッテル沖で第二の撃墜戦果（第9飛行隊のウェリントンⅠ）を報告、ヘルドの功績に続いた。

「私は、我が編隊とともにエルベ川河口沖を飛行中、はるか下方の海面すれすれのところを3機の英軍機が飛んでいるのを発見した。近づいてみるとそれらはウェリントン双発爆撃機だった。そのうちの2機はすぐに低層の雲のなかに隠れてしまったが、3機目は私の機銃のまん前を飛んでいた。私はこれを仕留めようと100mの距離まで接近し、50mあたりで敵の左翼が折れて胴体部分から炎が噴き出すのを目撃。その爆撃機が炎上し始めたときにはあと20mと迫っていて、炎に包まれた尾部がちぎれ、私の頭上すれすれのところをかすめ飛んでいった。私はこれらの火炎を避けるためにやむなく急降下し、落ちていく爆撃機を追い続けた。敵機は400mあまり下の海に墜落し、油膜だけを残してすぐに見えなくなった」

これらの空中戦の発生時刻はともに18時15分（現地時間）であった。このようななかでドイツ空軍初の公式の英軍機撃墜記録とみなされ、そのことを当時のドイツに広く報道されたのはヘルトの戦果の方であったが、飛行隊長カール・シュマッハーの戦後の発言によれば、名声を得るべきはハンス・トロイッチュであったともいわれている。

しかし英国空軍爆撃機軍団本部の参謀らにとっては、だれが最初の撃墜を果たしたかなど、どうでもよかった。「爆撃機は無敵」という戦前の原則を信じて疑わなかった彼らは、戦闘機の存在をまったく無視し、損害はすべて目標地区一帯を管轄していた海軍の重高射砲の残忍で正確な射撃のせいであったと結論づけた。初期のウェリントンの燃料タンクは無防備で、軽機関銃火でも穴があくという弱点を、彼らは明らかに理解していなかったのである。こうして9月は、双方が対岸沿いの停泊所や沿海の海軍の錨地を探るべく爆撃機を送り込んだため、北海の往来が徐々に増加しつつあった。このころの活動は依然、対象を軍事目標のみに厳しく限定した、まさに紳士の戦争そのものであり、英空軍、ドイツ空軍ともに、港に停泊中の軍艦への攻撃は、一般市民を傷つける恐れがあるため、許可されていなかった。

北海最初の損失
Accidents at Nordholz

9月はまた、第77戦闘航空団第Ⅱ飛行隊がともにノルトホルツでの事故が原因で、最初の死者2名を出した月でもあり、17日の事故では、かのアルフレッ

ド・ヘルト曹長が死亡、その前の週に新聞の見出しを飾った「ヤーデ湾の覇者」は、たったひとつの戦果でドイツ空軍史上に名を残すこととなった。次の主な交戦は、9月29日に第144飛行隊のハンプデン双発爆撃機11機が、ドイツ湾の「威力偵察」に出かけた際に発生した。このとき、6機の編隊は2機の駆逐機を攻撃して失敗した。J・C・カニンガム中佐が率いたほかの小隊は、1機たりとも戻ってこなかった。5機すべてがドイツ軍戦闘機の餌食となったのであり、今度の対戦相手は第26駆逐航空団第I飛行隊(I/ZG26)のBf109Dであった。このうちの2機の撃墜を報告したギュンター・シュペヒト中尉は、12月3日、今度は彼自身が1機のウェリントンの防御火器によってヘリゴランド沖で撃墜される破目となった。彼は、海に不時着水を余儀なくされた際に顔を負傷し、それがもとで左目を失ったが、それでもなお戦闘飛行に復帰し、1943年5月には第11戦闘航空団第II飛行隊(II/JG11)長に就任した。いつしか帝国防衛において優秀な指揮官のひとりとなっていたシュペヒトは、1945年の元日、半数以上が4発重爆で占められた30機の戦果を携え、第11戦闘航空団長として連合軍の飛行場への攻撃を率いた際に戦死している[1945年1月1日早朝、ドイツ空軍最後の大規模作戦となった「ボーデンプラッテ」が実施された。これは第II戦闘機軍団の昼間戦闘機を総動員してオランダ、ベルギー、フランス内の連合軍基地に対し大規模攻撃を加え、その優位を覆すことを目的としていた。しかし作戦の結果、連合軍は500機あまりが損害を受けたものの、物量でその損失を埋めたのに対し、ドイツ空軍は多くのベテランパイロットと機材を失い敗北。この結果、在来機を有する本土防空部隊は回復不能なまでに弱体化した]。

ハンス・トロイッチュのBf109E型「黄の5」号機の尾翼部分。3個の撃墜マーク(12月4日のウェリントン1機と12月18日の2機)、カギ十字のあいだと下に貼られた2個の弾痕パッチ(1939年12月18日付)、中心線上の初期型カギ十字を長方形に塗りつぶした跡(方向舵は換装品か?)、そしてドイツでは恰好のお笑いネタであったウィンストン・チャーチルの頭文字の上に何やらあからさまに失礼なことをしているペンギンの第6中隊章など、さまざまな細部が興味深い。

防衛部隊の再編制
New Organisation

　10月は静かな日が続いた。同地区での敵の活動が明らかに減っていた上に、最大の防御ともいうべき北海の冬が到来したのだ。よってドイツ空軍司令部は第77戦闘航空団第Ⅱ飛行隊を内陸部へ戻す決定を下した。新たな移動先はボン郊外のデュンシュテコーフェンとなり、彼らはそこでドイツ西部の大要塞線強化部隊の一部を形成することとなった。

　ところが、彼らが帝国本土に着陸するかしないかのうちに、カール・シュマッハーの下に辞令が届いた。彼は、中佐に進級するとともにただちにドイツ湾へ戻り、そこで、湾岸戦闘方面空軍（Jafü Deutsche Bucht）として、統合された戦闘機防衛組織を新たに創設するよう求められたのだった。イェーファーに本部を置いたシュマッハーは、11月中に部隊を集め、レーダー基地やドイツの北海沿岸と辺鄙な内陸部を網羅する通信網を設営した。そして11月30日、彼が引き継いだ「北部」戦闘航空団（Jagdgeschwader 'Nord'）（元第77戦闘航空団）の基幹本部は、第1戦闘航空団本部（Stab./JG1）と改称された。

　シュマッハーは12月初旬までに、飛行隊3個からなる標準編制の航空団を統轄し始めていた。彼がかつて率いた第77戦闘航空団第Ⅱ飛行隊はイェーファーに2個中隊、ヴァンゲローゲ島に1個中隊を展開させるべく、彼の後を追ってライン川での短い滞在から戻ってきていた。同飛行隊の今度の指揮官は、第一次世界大戦中にベルケ戦闘飛行隊を率い、6機の空中戦果をあげた、42歳のハリー・フォン・ビューロー＝ボトカンプ少佐であった。

［ベルケ戦闘飛行隊を率いたオスヴァルト・ベルケは第一次大戦のエースであるだけでなく、編隊による戦闘機戦闘の基礎を確立し、さらに多くのエースの生みの親となった著名なパイロットである。1916年10月に戦死するまでに、40機の撃墜を記録している］

　シュマッハーの2番目の飛行隊は、ドイツ北部において失われた第4（急降下爆撃）中隊のJu87を補充すべく新たな戦闘機中隊を吸収するとともにBf109B型から新たなE型への、全体的な再装備を徐々に進めてきた第186輸送航空団第Ⅱ（戦闘）飛行隊（Ⅱ.〈J〉/186）であった。彼らはいまや、元第186輸送飛行団第6（戦闘）中隊（6.〈J〉/186）長のハインリヒ・ゼーリガーを飛行隊長とし、新しい基地ノルトホルツに入った。そして第3の飛行隊には、ポーランドから早々に引き揚げていたもうひとつの部隊、ライヒャルト少佐の第101戦闘飛行隊があてられた。同部隊のBf109E型は1個中隊と2個中隊に分散され、ウーテルゼンから目と鼻の先の、シルト島のヴェスターラントとハンブルク北部のノイミュンスターにそれぞれ配備された。

　この他にも、イェーファーのシュマッハーの陣営には、現在、Bf110への

Bf109E型のコックピットに座る、湾岸戦闘方面空軍のカール・シュマッハー中佐。

転換訓練と西部戦線への配置転換の過程にあった第26駆逐航空団（ZG26）の残存部隊と、ヨハネス・シュタインホフ中尉の第26戦闘航空団第10（夜間）中隊（10.〈N〉/JG26）が従属していた。後者は、戦争勃発に際し急遽編成され、旧式のBf109C型とD型を装備した半独立の夜間戦闘機中隊のひとつであった。

　以上が、英空軍の爆撃機軍団司令部が、北海対岸への攻勢開始を決めたときの、対するドイツ空軍の陣容であった。そして12月3日、ギュンター・シュペヒトを負傷させたこの日の爆撃で、ウェリントン全24機は無事にヘリゴランドから帰還し、これによって英軍は密集隊形の昼間爆撃機は護衛なしでも無敵であるとの自信と、楽観的な思い込みを強くした。しかしそれから11日後、英潜水艦の魚雷攻撃で損傷し、基地へ戻る途中の軽巡洋艦「ニュルンベルク」に対する次の爆撃では、事態は一変した。シュマッハーは、フライア・レーダーで爆撃機の接近を知り、戦力12機の攻撃部隊を邀撃すべく、3個部隊を緊急発進させた。雲が流れ、雲まじりの突風が吹くなかで、第99飛行隊の12機のウェリントンにすばやく気づき、もっとも多くの損害を与えたのは、長年、ドイツ湾の気まぐれな天候に慣らされていた第77戦闘航空団第Ⅱ飛行隊のBf109であった。

　この間、同部隊は、味方の1機、フリードリヒ・ブラウクマイアー少尉を失う一方、アルフレート・フォン・ロイイェヴスキ大尉とエルヴィーン・サヴァリシュ曹長の各2機と、のちに騎士鉄十字章保持者および駆逐機のエースとなるヘルベルト・クチャ軍曹の1機を含む、敵攻撃機9機の撃墜を報告した。ドイツ側の戦果報告は半数は誤報であったものの、結局5機のウェリントンが戻らず、1機が第26駆逐航空団第2中隊（2./ZG26）のBf110による攻撃で損傷し帰還した際に基地に墜落したのであるから、敵にとっては十分な犠牲であったといえよう。

シュマッハーの獲物ではないが、当初、多くの英爆撃機軍団のウェリントンがフリージア諸島沖の浅瀬に突っ込み、登録を抹消されたという、その実例。

それでも英空軍は、ドイツ軍の戦闘機が損害をもたらしたとは考えず、敗因は、海軍対空部隊の兵力と射撃精度（実際には戦果はなかった）、穴があいた主翼タンクからの燃料の喪失、そして最悪の天候であったというのが、戦闘後の公式調査の結果であった。

1940年初頭、イェーファーで撮影された第77戦闘航空団第Ⅱ飛行隊本部のBf109E型。新しいライトブルー（リヒトブラウ）の機体側面と、念のため、擬装用マットで機体の大きい鉄十字を覆っている点に注目。手前は、飛行隊長のハリー・フォン・ビューロウ＝ボトカンプ少佐の搭乗機である。

12月18日の防空戦
Monday 18 December

英軍の見解がどうあろうと、ドイツ空軍司令部にとって、それがシュマッハーの手柄であることは、自明の理であった。この最新の交戦の結果、シュマッハーの指揮下には、第26駆逐航空団移動後の空席を埋めるべく、双発機装備の駆逐飛行隊が従属することとなり、12月17日には、ラインイッケ大尉の第76駆逐航空団第Ⅰ飛行隊が、ベニングハルトからイェーファーへ到着し始めた。いまや第1戦闘航空団本部（Stab./JG1）は、流入する爆撃機を邀撃するのみならず、海へ追い返すことのできる長距離戦力をもつに至り、そしてBf110の到着は、まさに絶妙のタイミングであった。

12月18日月曜は快晴の朝を迎えた。先週の天気とは打って変わり、その日の雲ひとつない水色の冬空は、果てしない視界を約束していた。それだけに第1戦闘航空団本部には、英軍が4日前のような犠牲多き侵入を繰り返すであろうとは到底思えなかった。ヴァンゲローゲ局によるフライアのレーダー観測結果が疑われたのも、そのようなことがあったからかもしれない。シュマッハーも今度ばかりは、彼の精巧な通信システムに失望した。防御側の反応の遅れは、命令の伝達経路が狂ったことと、飛行隊長数名が公務で不在であったことが相重なり、引き起こされたものであった。

とにかく接近中の侵入者を邀撃できるよう、緊急発進できたのは、シュタインホフ中尉が指揮する第26戦闘航空団第10（夜間）中隊のBf109D 6機だけであり、彼らのすぐ背後からはノイミュンスターに駐屯していた第101戦闘飛行隊（JGr.101）所属の2個の中隊から1個が付いていった。

編隊を組んだ22機のウェリントンは、この最初の妨害をものともせず——実際に交戦があったと仮定してだが——依然、完全な隊形でヴィルヘルムスハーフェンの4000m余り上空を悠々と飛んでいったが、爆撃照準機に映ったドイツ海軍艦艇のいずれもが、接岸中か、あるいは港湾の安全圏内に居たため、爆弾は投下されなかった。

英軍がこの日最初の損害を被ったのは、侵入者らが沿岸防空部隊による弾幕のなかから姿を現したときのことで、シュタインホフとヴィリ・ステュガー曹長がそれぞれ、ウェリントン1機ずつの撃墜を報告した。それは、第77戦闘航空団第Ⅱ飛行隊（Ⅱ./JG77）と第76駆逐航空団第Ⅰ飛行隊（Ⅰ./JG76）がこの乱闘に加わった時期でもあり（第186輸送航空団第Ⅱ（戦闘）飛行隊は警報を受けたのがあまりに遅く、敵と接触できなかった）、その後、絶え間ない戦闘が続いた30分のあいだに、攻撃を受けて徐々に散開した爆撃機は、三々五々、フリージア列島沿いに西方に退却の態勢を取り始めた。邀撃機のなかでも航続距離の長いBf110は、もっとも執拗に追撃し、全ウェリントン中残された最

後の1機は、ついに、ヴィルヘルムスハーフェンから150km離れた、オランダのアメラント島北部で第76駆逐航空団第2中隊のウェレンベック少尉の銃弾に屈する結果となった。

　シュマッハーの指揮下のパイロットらは、計38機を超える爆撃機の撃墜を報告した。部隊ごとの戦果の内訳は、第76駆逐航空団第I飛行隊による15機、第77戦闘航空団第II飛行隊による14機（9月4日の件で名をあげたハンス・トロイッチュ曹長による2機を含む、彼自身も戦闘中に負傷）、第26戦闘航空団第10（夜間）中隊による6機、第101戦闘飛行隊による2機、そして後発のシュタインホフ中隊のBf109Dをお伴に出撃した司令自身も爆撃機追撃の際に1機の撃墜を報告した。

　「私は一番最後の連中と一緒に離陸した。他の中隊はすでに現地へ向かっていたので、私も自分の109に乗り込み、あとを追ったのだ。高度1000mの視界は素晴らしく、優に50〜60km先まで見えた。針路の目印は、いつも敵の居場所を教えてくれる高射砲弾の爆裂だった。空中にはすでに撃墜された敵機が発した煙の柱が幾本か垂れ下がっていた。煙の色はエンジンに被弾した場合は黒、燃料タンクがやられた場合は白だった。熾烈な戦闘が進行中であることは明らかだった。

　「私は突如、高度2000mのあたりに英軍機2機を発見した。ただちに攻撃をかけたが、弾はあたらなかった。敵機のうちの1機はこれを回避しようと一気に高度を1000m以下に下げたが、私の109はあまりに速すぎて、2回目の航過も失敗に終わった。私はただちに減速したのち、3回目の攻撃で敵機の後方に占位し、機関砲と機関銃を放った。弾丸は英軍機の両エンジンに命中してすべては一瞬にして終わり、敵機は墜落した。

　「しかし、それと同時に、敵機の片割れの狙い定めた銃弾が私の機に命中した。ただちに旋回離脱した私は、相当激しく被弾していることに気づいた。燃料計の目盛りは下がり始め、ガソリンの刺激臭がコックピット内に充満した。頭がくらくらし始めたので操縦席の窓を開け放った。ようやく正気に戻ると高度は海面から600〜700mにまで落ちていた。私は穴の開いた燃料タンクをかかえ、最後の一滴まで燃料を使い果たして、ゆっくりと基地までたどりついた。そしてそこには、この人生で最高に幸せと思える瞬間が待っていた。どの戦闘機も両翼を振りながら基地に戻ってくるのである。こうした飛び方は、ほとんどすべての場合、戦果を収めたことを示しているのだ」

　その後の調査で、戦果の数は最初の報告時より12機ほど削られることとなった。すべてのパイロットが、必ずしも司令ほど幸運というわけではなかったのだ。彼が撃墜した敵機は、シュピーケローグ沖の干潟にゆっくり降着したため、その黒焦げの残骸はその後数日間は確認できたという。しかし撃墜された英軍爆撃機の数が26機に減ったとはいえ、パイロットわずか2名の死と数名の負傷と引き換えに得られた大勝利が、新聞を飾った。（前日ラプラタ河口付近で起こったポケット戦艦「グラーフ・シュペー」の沈没が国民に与えたショックを、和らげる狙いがあったともいわれている）。シュマッハーは、その後催されたある祝勝会の席で、通信ミスによって第186航空団第II（戦闘）飛行隊が一部の戦闘に参加できなかったことをも利用し、ますます株を上げたこともあった。それは、彼と功績の高かった部下のパイロット6名がゲーリングに呼ばれてベルリンへ行き、記者会見に出席したときだった。シュマッハーは彼の部隊が英空軍のいかなる攻撃も封じ得ることは明らかであり、全兵力を注

ぐ必要もなかったので、実際、「飛行隊まるまる1個を温存していた」とはったりをきかせ、なんと、記者たちを納得させてしまったのであった。

一方、同戦闘における損害の実態を知った北海対岸では、このようなお祭り騒ぎは起こるはずもなかった。ヴィルヘルムスハーフェンに到達し、同市を越えた22機のウェリントンのうち、11機は、ヴァンゲローゲからアメラントへの一斉攻撃の最中に撃墜され、その後、さらに1機が海に不時着水、英国沿岸到達後には、さらにまた損傷程度のさまざまな6機が墜落、あるいは不時着したのである。

「ドイツ湾の戦い」、その後
After the 'Battle of the German Bight'

しかし、「ドイツ湾の戦い」の真の重要性は、直接的な損害や戦果の数ではなく、両軍それぞれに与えた影響の大きさであった。イギリスはこの戦闘によってようやく、昼間に護衛をつけず爆撃機を投入することの意味を十分に理解し、英空軍の爆撃機軍団はそれ以降の活動を、もっぱらドイツ沿岸から内陸部へかけての夜間攻撃に切り替えたのであった。

シュマッハー自身については、先の快挙以降、彼の管轄区における英空軍の日中の活動が減ったことから存在の必要性を失い、その後5か月間で彼の麾下部隊が報告した戦果は、偵察爆撃機わずか10数機に留まった。そのうちの1機目は12月27日にヴァンゲローゲ沖で同飛行隊長が仕留めた無謀なブレニムであり、その後1940年2月半ばに第77戦闘航空団第Ⅱ飛行隊のクチャ軍曹がようやく2機目を撃墜、また2月27日には、ヤーニ中尉が3機目を撃墜したことにより、第186輸送航空団第Ⅱ（戦闘）飛行隊に大戦初の戦果がもたらされた。

ドイツ空軍史の新たな一章は、さらに2カ月が経った4月24日から25日の夜、第2戦闘航空団第Ⅳ（夜間）飛行隊のヘルマン・フェルスター上級曹長が、シルト沖で機雷敷設中のハンプデン1機を破壊したことによって幕を開けた。同飛行隊は、まったく別々の3個の単発夜間戦闘機隊——第2戦闘航空団第10（夜間）中隊（10.〈N〉/JG2）、第26戦闘航空団第10（夜間）中隊（10.〈N〉/JG26）、第2教導航空団第11（夜間戦闘）中隊（11.〈NJ〉/LG2）——の併合によって2月15日に編成されたもので、フェルスターが仕留めたハンプデンは、ドイツ空軍の夜間戦闘機が邀撃、撃墜した最初の英爆撃機軍団機であると考えられている。

それからちょうど2週間後、シュマッハーのパイロットたちは、いまやほぼ慣例化していた北海沿岸の防衛を、一時的にも中断することとなった。時まさに、オランダ侵攻が始まろうとしていた。

chapter 3
「西部要塞線」の哨戒
patrolling the westwall

中部および南西ドイツのBf109部隊（1939年9月1日現在）

■第2航空艦隊本部；ブルンスヴィック

		本拠地	機種	保有機数/可動機数
第Ⅵ航空管区司令部（ミュンスター）				
Stab/JG26：第26戦闘航空団本部	エドゥアルト・リッター・フォン・シュライヒ大佐	オーデンドルフ	Bf109E	3/2
Ⅰ./JG26：第26戦闘航空団第Ⅰ飛行隊	ゴットハルト・ハンドリック少佐	オーデンドルフ	Bf109E	44/43
Ⅱ./JG26：第26戦闘航空団第Ⅱ飛行隊	ヘルヴィヒ・クニュッペル大尉	ベニングハルト	Bf109E	38/38
Ⅰ./JG52：第52戦闘航空団第Ⅰ飛行隊	ディートリヒ・グラーフ・フォン・ブファイル・ウント・エルグート大尉	ボン=ハンゲラー	Bf109E	48/38
Ⅱ./ZG26：第26駆逐航空団第Ⅱ飛行隊	フリードリヒ・フォルブラハト少佐	ヴェール	Bf109D	48/45
11.(N)/LG2：第2教導航空団第11（夜間戦闘）中隊	バシキラ中尉	ケルン=オストハイム	Bf109D	9/9
				190/175

■第3航空艦隊本部；ニュルンベルク近隣のロート

		本拠地	機種	保有機数/可動機数
第5航空師団（アウグスブルク周辺のゲルシュトホーフェン）				
JGr.152（Ⅰ./ZG52）：第152戦闘飛行隊（第52駆逐航空団第Ⅰ飛行隊）	レスマン大尉	ビブリス	Bf109D	48/45
第6航空師団（フランクフルト・アム・マイン）				
JGr.176（Ⅱ./ZG76）：第176戦闘飛行隊（第76駆逐航空団第Ⅱ飛行隊）	シュミット=コステ大尉	ガブリンゲン	Bf109D	50/42
第Ⅶ航空管区司令部（ミュンヘン）				
Ⅰ./JG51：第51戦闘航空団第Ⅰ飛行隊	エルンスト・フライヘア・フォン・ベルク	オイティンゲン	Bf109E	46/32
Ⅰ./JG71：第71戦闘航空団第Ⅰ飛行隊	クラマー少佐	フュルシュテンフェルトブルック	Bf109D	34/34
第ⅩⅡ航空管区司令部（ヴィースバーデン）				
Stab/JG53：第53戦闘航空団本部	ハンス・クライン大佐	ヴィースバーデン=エルベンハイム	Bf109E	3/3
Ⅰ./JG53：第53戦闘航空団第Ⅰ飛行隊	ロータル・フォン・ヤンソン大尉	キルヒベルク	Bf109E	46/38
Ⅱ./JG53：第53戦闘航空団第Ⅱ飛行隊	ギュンター・フォン・マルツァーン大尉	マンハイム=ザントホーフェン	Bf109E	44/38
第ⅩⅢ航空管区司令部（ニュルンベルク）				
Ⅰ./JG70：第70戦闘航空団第Ⅰ飛行隊	キティル少佐	ヘルツォーゲンアウラハ	Bf109D	50/21
				321/253

　ドイツとフランスとの国境地域では、「ドイツ湾の戦い」に相当するほどの大きな空中戦は見られなかったが、かといって西部戦線の空中活動は「まやかしの戦争」といわれるようなものでもなかった［1939年9月1日、ドイツがポーランドに侵攻すると、イギリスとフランスはドイツに宣戦を布告した。しかし、両国はドイツの動きを静観するだけで、ポーランドが破れたのちも実質的な戦闘行

動をとらない時期が翌年の4月まで続いた。世界各国の報道機関はこの状況を「まやかしの戦争」「いんちき戦争」などと呼んだ]。確かに、対峙する両地上部隊はたがいに自身の防御線（マジノ線とジークフリート線、すなわちドイツのいう「西部要塞線(ヴェストヴァル)」）の背後に安座し、当初はあえて現状を崩そうとはしなかった。しかしこのような停滞状況は、その上空には反映されなかったのだ。西方で空戦が始まって以来最初の8カ月間は、小規模ながらも苛烈な一連の交戦が——途中、冬の何カ月かは天候の制限を受けたものの——徐々に激化しつつ繰り返された。これは、双方の戦闘機が、最初は単独の敵偵察機、のちには敵の爆撃機編隊による侵略から領空を守ろうとしたために、発生した戦闘であった。

頭角をあらわすエースたち
Luftwaffe's First Kill in the Western Front

　北海沿岸部に配備された戦闘飛行隊の数は比較的少なく、常に一定であったが、「西部要塞線」に集結した戦闘機部隊は、常に増強の一途をたどった。これらの兵力の提供元は、ポーランドからの多くの引き揚げ部隊や、当初懸念された英仏によるベルリンへの戦略爆撃の可能性がいったん弱まったため前方へ配置換えとなった元後方部隊だけではなく、最初は1個か2個の飛行隊をもって創設された航空団を完全編制に引き上げるべく新設された戦闘飛行隊も含まれた。

　ドイツ空軍にとって西部戦線初の撃墜を果たしたのも、このような誕生したての戦闘飛行隊のひとつであった。英仏の戦争準備はまったく整っておらず、最初の数日間はほとんど何も起こらずに過ぎていったが、この間にドイツのベブリンゲンで、ハンス=ギュンター・フォン・コルナツキ大尉を指揮官とした第52戦闘航空団第Ⅱ飛行隊（Ⅱ./JG52）が創設（前身は第72戦闘航空団第11中隊〈11./JG72〉）されていた。彼はのちに、帝国防衛において採用されて絶大な効果をあげるFw190突撃戦術の考案者として名を成した人物であった（「Ospey Aircraft of the Aces 9——Focke-Wulf Fw190 Aces of the Western Front」を参照）。

　9月8日、第52戦闘航空団第Ⅱ飛行隊のBf109D 2機編隊(ロッテ)はライン川を偵察中に、ケールの橋に関心を示す1機のフランス軍偵察機を発見した。編隊は敵機を追い立て、一度目の攻撃航過は失敗したが、パウル・グートブロード少尉による、後方からの二度目の攻撃で、不運なムロー115は空中で大破した。グートブロードは、この功績により、第2級鉄十字章を拝受したが、1940年6月1日、アルデンヌ地方のベルヴァル付近でフランス軍部隊への地上攻撃の最中に戦死している。

Bf109E型の4機編隊。ヴェルナー・メルダースがスペイン戦において完成させたこの戦術隊形は、初期のフランスや低地諸国での交戦において、柔軟性を欠いた英空軍の楔形隊形よりも圧倒的に有利に働いた。

　なお、上述の戦闘以前にも、同日には隣のカールスルーエ北側の戦区において、第53戦闘航空団第Ⅰ飛行隊（Ⅰ./JG53）のBf109E 4機編隊(シュヴァルム)が、フランスのカーチスH-75Aホーク4機を急襲し、ドイツ空軍戦闘機とフランス空軍戦闘機の最初の交戦が報告されていた。戦闘の結末については定かでないが、このとき、編隊長

機はエンジンに命中弾を受けていた。ヴェルファースヴァイラー付近の野原で不時着を試みた彼は、Bf109の降着装置が120km/hで軟らかい土壌に突っ込み、仰向けに転倒した際に軽傷を負った。この編隊長とは、すでにスペインのコンドル軍団において14機の戦果を収めたトップエース、ヴェルナー・メルダース中尉である。損傷機は、3人の大柄な農場労働者によっても持ち上がらなかった。中尉はコックピット内に閉じ込められたままとなり、その後ようやく、近隣の高射砲部隊によって救出されたものの、背中を痛めたために数日間はベッドで過ごさなければならなかったという。かくして第53戦闘航空団第1中隊長は、翌朝の戦闘に出撃するチャンスを逃すこととなった。

　この日の戦闘では、彼の中隊のひとりであるヴァルター・グリムリンク上級曹長がブロック131 1機を仕留めたことにより、第53戦闘航空団の初戦果を記録し、第52戦闘航空団が2機目のブロック131の撃墜を報告。また同日午後にはさらに2機の撃墜――今度はブロック200――が、第152戦闘飛行隊（JGr.152）の大戦初の戦果として報告された。

　「西部要塞線」沿いの各戦闘飛行隊では――新設部隊も、5年以上の古参部隊も――その後何週間、何カ月のあいだに、対英仏戦で最初の厳しい試練を経験したり、初めての勝利を報告したり、最初の損失を被ったりと、先述のような最初の成功や失敗が相次いだ。「まやかしの戦争」はまた、ひよっ子のエース――その後増大する戦果リストのうち、最初の獲物を仕留め、のちにはその名を国内外に知らしめるパイロットのことで、多くは100機以上、このうちのひとりは200機以上を撃墜することになる――を何十人と輩出した時期でもあった。

　しかし、この間に初めてフランス軍機を仕留めたものの、その後、まったく別の理由で有名となったパイロットもいた。第53戦闘航空団第2中隊（2./JG53）長のロルフ・ピンゲル中尉（すでにスペイン戦で4機撃墜）は、9月10日、ムロー偵察機を撃墜したのを皮切りに、21機の戦果を収めた。ところが1941年7月10日に、第26戦闘航空団第I飛行隊長としてドーヴァー付近を飛行中に、自身が墜落、このときの不時着により、当時のドイツ空軍の最新鋭戦闘機Bf109F-1を、ほとんど無傷のまま、英空軍に手渡してしまうのであった。

　9月20日は、さらなる栄光に向けた、元コンドル軍団トップエースの復活を予感させる日となった。背中の傷も癒えたヴェルナー・メルダースが、この日失われた2機のフランス軍ホークH-75のうち、1機を手早く仕留め、第二次大戦で初めての戦果を報告したのだ。同日は、英空軍が最初の損害を被った日でもあり、第152戦闘飛行隊のBf109Dが第88飛行隊のフェアリー・バトル2機を撃墜、その4日後には、また別の第152戦闘飛行隊員で未来のエース、ハルトマン・グラサー少尉がホーク1機を落とし、全103機という撃墜記録の第一歩を踏み出した。

　しかし、のちに戦果の数においてこのときの全戦闘機パイロットの頂点を極めるであろう者が、対仏戦の

のちにエースとなる第53戦闘航空団員の面々。彼らが撃墜した最終的な敵機の数を合計すると、600機以上にも上った。左から、エルンスト・クラガー（22機）、クルト・ブレンドル、ヴォルフ=ディートリヒ・ヴィルケ（162機）、ギュンター・フォン・マルツァーン（68機）、ハインツ・ブレトニュッツ（35機）、シュテファン・リチェンス（38機）、ハンス=ハインリヒ・ブルステリン（4機）、エーリヒ・シュミット（47機）、そしてフランツ・ゲッツ（63機）。

手始めに記念すべき最初の成功を収めたのは、9月25日のことだった。この日、のちに一中佐としてMe262ジェット戦闘機を操り220機の戦果をもって終戦を迎える第51戦闘航空団第1中隊のハインツ・ベーア曹長が、恐らくこの一帯に遍在していたであろうフランス軍のホークを、またさらに1機仕留めたのであった。

その月の最後の日には、これまででもっとも激しい戦闘のいくつかが集中して起こり、またしても第53戦闘航空団第Ⅰ、第Ⅱ飛行隊がこれに関与した。一日が終わるまでに、「スペードのエース戦隊」のパイロットたちは、13機以上の撃墜を報告し──英第150飛行隊のフェアリー・バトルの5機編隊丸々1個を含む──対する味方機の損害は4機に留まった。同日の勝利者のなかには、第Ⅱ飛行隊長のギュンター・フォン・マルツァーン大尉、ヴォルフガング・リッペルト、ヨーゼフ・ヴルムヘラーなど、のちに高位の勲章を獲得し、エクスペルテンとなるものも含まれた。
[エクスペルテン／Experten（独語）。本来の意味は「専門家」であるが、ここでは戦闘経験が豊富で、多数の敵機を撃墜した戦闘機パイロットのことを指し、連合軍におけるエースとほぼ同様の意味で使われた。単数形はExperte／エクスペルテ]

1940年初頭、フランクフルト=レプストックで撮影された第2戦闘航空団司令、ゲルト・フォン・マソウ少佐のBf109E型。航空団章や、山形と線を組み合わせた標準的な航空団長用標記のほか、補足された数字の「1」（おそらく本部の4機編隊のなかでフォン・マソウが占める位置を表す）と、25頁のフォン・ビューロウ=ボトカンプ機のものとくらべ、小さめの機体の鉄十字に注目されたい。

騒がしい空
Dreiländerreck

10月の戦線は比較的穏やかであったが、両陣営はこの戦闘の合間を利用して、それぞれの兵力増強に努めた。ドイツ軍では、またさらに新たな戦闘飛行隊が創設されるとともに、いくつかの既存部隊が、最も戦火の激しい空域──ルクセンブルク南端から南東へ、ザールラント地方とプファルツ地方の境界沿いにカールスルーへまでの地域──を支援すべく、前方へ配置転換となった。

この戦区がとりわけ騒がしかったのは、それが共通の独仏国境の北端地区を成し、国境はルクセンブルク公国にぶつかる、所謂「ドライレンダーレック」（三国の境目）地点で分岐しているからであった。それ以北の海までの一帯には、敵対するふたつの陣営のあいだに、中立の低地諸国が介在し、よって、「ドライレンダーレック」のすぐ南の地域は、中立国側面を回り、ドイツのルール工業地帯など、その背後にある秘密を探ろうとする連合国の偵察機にとっては、最短ルートにあたるのだった。しかし、この緊要な地区の防衛にあたった第53戦闘航空団の健闘により、ほとんどの侵入は初期段階で食い止められた。1940年5月までの数カ月間、中立国オランダの背後にあたる、ケルン北部に配置されていた、第2航空艦隊の戦闘飛行隊（第26戦闘航空団所属、およびのちには第27、第51、第54戦闘航空団所属の飛行隊）が、ほとんどそのような戦闘を経験してこなかったことは、連合軍機の大半が第53戦闘航空団戦区からの侵入に失敗し、北へ向かえなかったからかもしれない。

さてフォン・コルナツキ大尉が率いる第52戦闘航空団第Ⅱ飛行隊では、前線付近への移動が決まり、ある中隊を大いに喜ばせていた。実は、それまでのベブリンゲンは、ときどき夜間に侵入者が飛来する以外は平穏そのもので、

パイロット(おそらく第27戦闘航空団第2中隊員)の酸素マスクから察して、これからオランダ国境での高高度パトロールに出発するのであろう。

上層部は、フォン・コルナツキ指揮下の中隊1個に対し、一時的に夜間戦闘機任務を行うため、Bf109からハインケルHe51複葉戦闘機への転換を命じていた。まぎらわしいことに、同飛行隊のふたりの中隊長は名字が同じ——第52戦闘航空団第4中隊長の名はハインツ・シューマン中尉、第52戦闘航空団第5中隊長は(スヴェンまたは「ラヴァツ」とも呼ばれていた)アウグスト・ヴィルヘルム・シューマン中尉——であった。これをわかり易くするため、ふたりはそれぞれ「ノッポのシューマン」と「チビのシューマン」と呼び分けられ、今回再装備を命じられたのは、「チビのシューマン」の方であった。彼はしかしながら、激しくこれに抗議し、ついにはBf109の装備継続許可をとりつけたが、それでも、数日後には、12機のHe51が中隊にやってきた。第52戦闘航空団第5中隊はこのようにして、数週のあいだ、昼間はメッサーシュミット、夜はハインケルを操縦するという、前代未聞とまではいかなくとも、奇妙な状況に追い込まれたわけで、全飛行隊に前方への配置転換命令が下り、この態勢が廃止された際には、晴れ晴れしい気持ちで、これら旧式の複葉機をあとに残してゆくのであった。

10月中に新設された飛行隊のひとつに、ヴェルナー・メルダースを指揮官とする第53戦闘航空団第Ⅲ飛行隊(Ⅲ./JG53)があった。そして9月同様、西方での空中戦開始からふたつ目の月も、突然の混乱とともに終了した。第18飛行隊のブレニムⅠ 3機がフランスのメッツよりドイツ北西部への偵察に出発したのは、10月30日の午後のことであった。このうちの1機はトリアー付近で、哨戒中であった第53戦闘航空団第Ⅲ飛行隊所属の12機以上のBf109と接触し、目標に到達することなく、同飛行隊にとっては大戦初、ヴェルナー・メルダースには2番目の勝利を提供した。また別の1機は、オズナブリュックまで到達できたものの、最終的には、ちょうど3週間前にポーランドから引き揚げてきて以来、Bf109D型から新式のE型への転換を進めていた第21戦闘航空団第Ⅰ飛行隊の2機編隊のBf109によって行く手を阻まれた。このときブレニムの撃墜を報告したのは、未来のエースかつ騎士十字章受章者ハインツ・ランゲ少尉が操縦するエーミール[ドイツがE型につけた愛称]であった。偶然にも、ランゲはのちにメルダースの名を冠した第51戦闘航空団の司令として終戦を迎えている。

ポーランド戦トップ・エースの死
Gentzen's Death

11月6日には、第76戦闘航空団第Ⅰ飛行隊のマックス・シュトッツ少尉が——彼もまた、ポーランド戦の初期の参加者であり、1943年8月、ロシアで戦死するまでに189機の撃墜記録を持つ高勲位のエースとなった[本シリーズ第9巻「ロシア戦線のフォッケウルフFw190エース」を参照]——フランクフルト周辺

で第57飛行隊のブレニム1機を撃墜し、初戦果を記録した。しかし同日中に西部戦線において過去最大の空中戦も発生し、劣勢に転じたドイツ軍の戦闘機戦力は最大の損害を被ることとなった。

この日、ハンネス・ゲンツェン少佐は、指揮下の第102戦闘飛行隊のBf109D型 27機をうしろに従え、ラッヘン＝ズパイダードルフからザール川のパトロールに出発、同地区上空でポテーズ63偵察機を護衛中の仏第5戦闘機大隊第Ⅱ飛行隊（GCⅡ/5）所属のホークH-75A9機に遭遇した。彼らが試みた急襲は、ただちに乱れ、各機ごとの小競り合いの連続へと変わっていったなかで、2名の中隊長、フォン・ルーンおよびケルナー＝シュタインメッツ両中尉を含むゲンツェンの部下4名が戦死、さらに4機が不時着の際に激しく損傷し、パイロット1名が負傷した。飛行隊の唯一の戦果は、飛行隊長が仕留めたH-75A1機であったが、それだけでは、今回、第102戦闘飛行隊が敵の3倍もの兵力をもちながら25％以上もの損害を被るという、完敗の報告のため、ゲンツェンがベルリンへ赴かないわけにはいかなかった。主な結論は、ポーランド戦では無敵を誇ったBf109D型も、ホークの攻撃には勝てないということだったらしい。

数日後、飛行隊は静かな戦区へ移され、その後、待望のBf110への転換が始まった。ゲンツェンの9機目の撃墜は、1940年4月7日、アルゴンヌの森の上空で、この双発の駆逐機に搭乗していた際に達成された。未だ彼は、この段階で撃墜記録において依然ヴェルナー・メルダースを1機上回っていたが、その後は記録を更新できないまま、翌月の緊急発進でこの世を去ることとなる。それは、フランス戦真っ最中の1940年5月26日、英国空軍のバトル攻撃機が、そのころ第2駆逐航空団第Ⅰ飛行隊の基地となっていたヌフシャトーへ奇襲攻撃を開始したときだった。ゲンツェンは飛行隊付補佐官［ドイツ空軍のAdjutantは日本軍の副官とは異なり、空戦に参加可能なパイロット］に後部射手を務めるよう大声で命じながら、自分のBf110へと大急ぎで乗り込んだ。しかし飛行機はまもなく離陸したものの、未だ低速で上昇中にその尾部を飛行場を囲む並木の梢に引っ掛けて墜落。ベルトを締める間もなかったふたりの命を瞬時にして奪ってしまった。

11月6日に第102戦闘飛行隊が大打撃を受けてから24時間後、よく聞き慣れた名のふたりが、のちのち増大してゆく撃墜戦果のなかで最初の1機目を仕留めることとなった。ケルン北部でまた1機の第57飛行隊のブレニムⅠをライン川に撃ち落とした、第26戦闘航空団第Ⅲ飛行隊のヨアヒム・ミュンヘベルク少尉と、ザール川上空でポテーズ637偵察機を仕留めた、メルダースが率いる第53戦闘航空団第Ⅲ飛行隊の一中隊長、ヴォルフ＝ディートリヒ・ヴィルケ大尉である。同じ日に得点表を開設した彼らの、その後の経過は驚くほど似通っていた。ふたりはともに、100機を優に超える戦果をもって剣付柏葉騎士鉄十字章をし、航空団司令に昇進した（135機撃墜のミュンヘベルクは第77戦闘航空団司令に、162機撃墜のヴィル

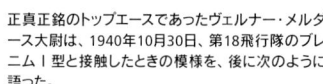

正真正銘のトップエースであったヴェルナー・メルダース大尉は、1940年10月30日、第18飛行隊のブレニムⅠ型と接触したときの模様を、後に次のように語った。

「私は飛行隊の4機編隊と、第9中隊の4機編隊3個とともに、敵偵察機に対するビットブラーク＝メアツィヒ地区の哨戒のため離陸した。11時12分、トリアー付近で発砲中の高射砲を発見し、気づかれることなく、50m以内の距離まで敵機に接近、英軍の円形標識がはっきりと見えるほどだった。発砲後、敵機後方射手から反撃を受けることなく、可能なぎりぎりの距離まで近づくと、白い煙を濛々と吐き散らす左舷エンジンが見えた。白煙はすぐに黒煙へと変わり、私が横に並んだときには、敵機は完全に炎に呑み込まれた。1個のパラシュートが降りていったが、それも燃えているようだった」

トリアー北部の森で発見された、この正体不明の鉄くずの山は、三国の境い目を越えようとしていたところを、メルダース（写真右手の3人の中央）によって捕捉、撃墜されたブレニムⅠ（L6694、A・A・ディルノット大尉機）の残骸のすべてであった。

ケは第3戦闘航空団司令に)のち、ちょうど1年違いの同じ日に、連合軍戦闘機との戦闘でこの世を去ったのであった。前者は1943年3月23日、北アフリカでの対スピットファイア戦で、後者は1944年3月23日、帝国上空における、対マスタング戦でのことであった。

11月22日には、さらに2名の未来のエースかつ柏葉騎士鉄十字章受章者が最初の撃墜を報告した。ひとりはモラヌ＝ソルニエMS.406 1機を仕留めた第51戦闘航空団第I飛行隊のヘルマン＝フリードリヒ・ヨッペン中尉であり、戦闘後、不時着を試み生還した彼はその後、1941年8月にロシア戦で戦死するまでに70機まで戦果を伸ばした［本シリーズ第9巻「ロシア戦線のフォッケウルフFw190エース」9頁を参照］。そしてもうひとりは、戦争開始以来、何ら戦果のないままベルリンの防御にあたってきたが、ついに西方の前線への移動を命じられ、ちょうど1週間前にフランクフルト＝レブシュトックに到着した第2戦闘航空団第I飛行隊(I/JG)の一員であった。

ハンネス・ゲンツェン大尉は、ついにBf110C型への転換を済ませ、第2駆逐航空団第I飛行隊(コックピット下の「ベルンブルクの狩人」の飛行隊章に注目)として、本来の任務に就いたのちの1940年5月26日、この写真のような搭乗機で死亡した。

■ ヘルムート・ヴィックの手記
Hermut Wick's Description

この日、仏第4戦闘機大隊第II飛行隊(GCII/4)のホークH-75A 1機の撃墜で始まった24歳のヘルムート・ヴィック少尉の戦歴は、まるで彗星のようであった。第3中隊で2機編隊司令を務めていた無名時代から、1年間で「リヒトホーフェン」第2戦闘航空団司令にまで昇り詰めた、彼の昇進の速さはドイツ空軍史において未だ他に並ぶものがない。ヴィックは彼の最初の戦果について、ドイツ空軍機関誌『アドラー』へ次のような手記を残しており、それは、この戦争初期、西部戦線の動きのない要塞の上空で展開されていた戦闘機同士の自由奔放な対決を象徴している。

「フランス軍はなかなかドイツの国境を侵してこないので、私は僚機と一緒に、一度、奴らを訪ねてみることにした。途中、東からの追い風に押されて飛び、ナンシーにさしかかったところで、私は突如、高度6000mを越えたあたりに飛行機の群れを発見した。我々はすぐにそれらがドイツ軍機でないことを悟り、旋回を始めた。やがて、そのうちの2機が群れを離れ我々目掛けて舞い降りてきた。それらの正体は、カーチス戦闘機だった。

「我々が急降下でこれをかわすと、予想通り2機のフランス軍機もあとから突っ込んできた。私はそのうち1機の鼻先で、上昇旋回に入った。振り向きざまに見えた赤と白と青の円形紋の形状は、今でもはっきり憶えている。目一杯撃ちまくっているフランス軍機を見たとき最初のうちはむしろ血が騒いだが、その後は、後方からだれかに狙われるのは、不愉快なことだと気づいた。

「私はふたたび機首を下げ、もちまえの猛スピードで瞬く間に敵を引き離し

ヴィックとヨッペンがともに初戦果をあげた1939年11月22日、2機のBf109E型がフランス戦線後方に無傷で着陸。写真は、第76戦闘航空団第1中隊の「白の14」号機(製造番号1304)で、フランス軍によるテスト飛行が進行中。その後同機はイギリス軍に引き渡され、AE479としてファーンバラで調査された。この時点でかなりの距離を移動してきたエーミールであったが、その後さらにアメリカへ移送された。

長い間、第2戦闘航空団の熱血漢ハンス・「アッシ」・ハーンの影に隠れていたハンス・「ファダー」・フォン・ハーンは、その同名の人物と同じ語呂合せで個人マークを考案、「ハーン」はドイツ語で「若い雄鶏」のことであった。写真のマークは、彼が第53戦闘航空団第Ⅱ飛行隊付補佐官を務めていたころに使用していた初期のデザイン。

た。襲いかかってきたフランス軍機がもはや見えないところまで来たので、他の敵機を探そうと左側を見上げたが何も見えない。今度は右側をちらっと見上げて、我が目を疑った。私は小さな赤い炎を放つ4つの星型エンジンを、目を凝らして見つめていた。そんなばかな！ 間抜けな思いが、私の頭のなかを過っていった。

「しかし私はその後全神経を集中させた。もう一度逃げようか？ いや！ 今度はこっちが食らいつく番だ。撃ち落してやる。私は歯を食いしばると、操縦桿と方向舵を右へ強く入れ、奴らの方へ旋回した。

「旋回を終わるころには、最初の1機がすでに私の横を飛び抜けていった。そしてそのすぐ背後からは2機目がやってくる。私はそいつに正面攻撃をかけた。敵の銃身から火が噴いているのを真下に見るのは嫌な気分だったが、我々はたがいに近すぎて、弾は当たらなかった。やがて敵機は爆音とともに、私の頭上へ急上昇し、今度は3機目が私の背後に迫ってきた。

「私は微妙な操作で、敵機を照準のなかにぴたりと納め、戦闘機訓練学校で教えられた通りに狙い撃った。最初の射撃でフランス軍機から数個の金属片が飛び散り、やがてその両翼がたわんで、ついには吹き飛んだ。

「そのすぐうしろから4番目のカーチスが同様に私を撃ってきたが、弾は当たらなかった。今度は最初の2機がふたたび上昇を始めたので、私は襲われてたまるかとそのあとを追った。やがて、残りの燃料が乏しくなり始め、基地へ帰らねばならなくなった。僚機のパイロットはすでに、何事も無く基地に戻っていた。彼は最初の急降下ののち、あちこちもんどりうっているうちに私を見失っていたのだ」

1940年初頭に第51戦闘航空団第Ⅱ飛行隊が配備していたコンスタンツ湖岸のフリードリヒスハーフェンは、「西部要塞線」沿いに集結した全戦闘飛行隊中、最南端に位置していた。ヨハン・イルナー曹長の「白の9」号機は、「神よ英国に地上掃射を」という名の、かなり好戦的な飛行隊章を印しているが、そのうしろの「ヘンシェンとグレーテル」の文字が その物々しさをいくぶん緩和している。〔ヘンシェン（Hänschen）は ヘンゼル（Hensel）同様、ハンス（Hans）の愛称〕

ヴィックは手記の終わりにまだまだ戦闘は本格化していないという実情を告白していた。彼は自分の搭乗機が離陸直前に水で洗われたせいで、往路、飛行高度へ上昇中に凍結し始め、基地へ引き返したものかどうか迷ったという。やがて西部戦線一帯を厚い雪で覆うであろうこの寒さは、この地域におけるここ何十年かで最悪の冬の到来を告げていた。そしてその先3カ月間、ほとんど飛べない日が続くこととなった。

英空軍機との戦い
RAF Fighters

しかしながら、ドイツ空軍戦闘機と英空軍戦闘機はついにこの時期、最初の衝突の時を迎えた。12月22

日、ザール川沿いで2機のDo17偵察機を護衛中、はるか下方に3機の敵戦闘機を発見したのは、ほかでもない、あのメルダースの第53戦闘航空団第Ⅲ飛行隊であった。メルダースは急降下攻撃に入り、一度の航過で左側の敵機を射止め、その数秒後には、右側の敵機が第53戦闘航空団第8中隊(8./JG53)長のハンス・フォン・ハーン中尉(同じく未来のエースかつ騎士鉄十字章受章者)の餌食となった。当初、MS.406と思われた2機の戦闘機は、煙と炎の尾を引きながら落下し始めた。メルダースが仕留めた方は明らかに制御が効かなくなったようすであり、ハーンの獲物は真っ赤な彗星のごとく、まっしぐらに落ちていった。実のところ、これらの敵機は第73飛行隊A小隊のハリケーンIであった。のちに判ったことだが、これらに搭乗していた同小隊の下士官操縦者(J・ウィンとR・ペリー)はともに、機銃の最初の射撃で即死していた。

天候は年明けから最初の数週間にかけて悪化し続けたものの、上ライン戦区沿い最南端のある戦闘飛行隊には、1940年1月10日にめずらしくも初勝利の機会をとらえ、やがては撃墜100機以上のトップエースになろうというひとりのパイロットが居た。すでにスペインのコンドル軍団で9機の戦果を収め、第70戦闘航空団第I飛行隊員として開戦を迎えていたラインハルト・ザイラー中尉である。彼は同飛行隊が第54戦闘航空団第I飛行隊と改称され、前方のオイティンゲンへ配置転換となった際に第1中隊長に着任、今回、最初の戦果を収めたのは第54戦闘航空団第1中隊の4機編隊を率いていたときのことあった。フライブルク地区の偵察から低空で戻ってきたポテーズ63を、スイスとの国境から10km足らずの、バーゼル北東部で撃墜したのであった。

空の状態は、3月の第3週末までには活動再開に十分な程に回復していた。「まやかしの戦争」の終盤で英国空軍が最初に被った損害のひとつは、イギリスを本拠地とする写真技術開発隊(Photographic Development Unit；略称PDU)のスピットファイアN3069偵察機であった。これは、3月22日、第20戦闘航空団第I飛行隊(I/JG20)のBf109E型編隊がアルンヘム南部のオランダとの国境付近にて攻撃したもので、この型の撃墜は、今回が初めてであった。

それから4日後には、かつての対戦相手同士である第53戦闘航空団第Ⅲ飛行隊と第73飛行隊がさらに衝突し、双方に物質的損害をもたらした。ザール川上空での断続的な戦闘の末、3機のBf109は帰還先のトリアーで不時着、(のちに英空軍最初のエースとなる)ニュージーランド人E・J・「コバー」・ケイン中尉は、彼のハリケーンがヴァイゲルト曹長による下方からの攻撃に屈した際、パラシュートでの脱出を余儀なくされたのであった。この日、メルダース大尉もまた6番目の戦果としてさらに1機の「MS.406」の撃墜を報告したが、不朽のメルダースが戦闘機乗りとしていかに優れた才能の持ち主であろうと、機種の判別については、さほど万能でもなかったようだ。彼の餌食になったと思われた敵機は、実はN・「ファニー」・オートン中尉(同じくのちのエース)が操縦していたハリケーンであり、同機は損傷したものの、何とか基地にたどりついていた。

そのMS406が確かに対戦相手——というよりむしろ目標——となったのは、3月末日のことであった。この日、第53戦闘航空団第Ⅱ飛行隊は、このフランス軍戦闘機から成る一編隊を完全に不意打ちし、またたくまにそのうち6機の撃墜を報告した。このうちの1機は、飛行隊長「ヘンリ」・マルツァーンの二番目の戦果であり、そのほか3機もまた、のちに名をあげる未来のエースたちの餌食となった。1機はゲーアハルト・ミヒャルスキ少尉が、2機はハインツ・ブレトニュッツ中尉が撃墜、ただし、後者が約4時間後に撃墜を報告したウェリン

1940年3月中旬の「西部戦線某所」。3人の厚着のようすからして、冬の寒さはまだ終わっていない。

上級曹長に進級したイルナー(35頁の「ヘンゼルとグレーテル」号のパイロット)によって1940年4月21日に撃墜され、落胆した様子のスピットファイアPR IA N3071の操縦士、セシル・ミルン中尉(右)と、彼を気の毒そうに見つめる後のエクスペルテン、エーリヒ・ホハーゲン少尉(中央)とヨーゼフ・フェーツェー。のちに、この英軍パイロットは次のように回想している。

「私は写真を撮るのに忙しくて気づかなかったが、6機のメッサーシュミットは私の飛行機雲の下を接近していた。敵機の先鋒に機関砲弾を撃ち込まれた私のエンジンはたちまち失速、それでも動き続ける限りは、何とかフランスへ戻ろうと努めたが、その途中でもさらなる攻撃に曝された。やがて国境まで30マイル(50km)の地点まで来ると、エンジンが停止した。高度は数千フィート。私は装備類を破壊すべく、スピットファイアを急降下態勢に移してから、攻撃の合間を縫って脱出、ある村のなかへ落下傘で降着し、ただちに捕らえられた。」

トン1機は、またしても誤認であったといわれている。

　メルダースは4月2日にさらにハリケーン1機を仕留め、敵の操縦士、第1飛行隊のC・D・「プッシー」・パルマー少尉をパラシュートでの脱出に追いやった。彼の次の戦果はそれから18日後、ザールブリュッケン東部で撃墜を報告したホークH-75A 1機であり、この4月20日はさらにまたふたりの優秀な元コンドル軍団パイロットが戦果を収めた日でもあった。同じくザールブリュッケン周辺でホークH-75A 1機を仕留めた第2戦闘航空団第I飛行隊のオットー・「オチュ」・バートラム中尉（スペインで8機撃墜）、およびストラスブール南西部でフランス軍偵察機ブロック174を急襲した第51戦闘航空団第5中隊長のホルスト・「ヤーコブ」・ティーツェン大尉（スペインで7機撃墜）。

　その日の晩にはダルムシュタットとマインツ上空でビラをばら撒いていた第218飛行隊のフェアリー・バトル1機も、第2戦闘航空団第IV（夜間）飛行隊（IV.〈N〉/JG2）のヴィリ・シュマーレが操縦していたBf109D型の餌食となった。これは「まやかしの戦争」中に失われた最後のバトル攻撃機であったのみならず、第二次大戦中にドイツ空軍の夜間戦闘機が収めた最初の戦果であると考えられ、フェルスターによるジルト沖でのハンプデン撃墜に5日、常設の夜間戦闘機戦力による最初の「公式」戦果には約3カ月先行していた——後者は、1940年7月9日早朝、同じくフェルスターがヘリゴランド沖でホイットレー1機を撃墜したもので、搭乗機は依然Bf109であったが、このときの所属は第1夜間戦闘航空団第III飛行隊（III./NJG1）に変わっていた。

　それから24時間後には、シュトゥットガルト南部を高高度で飛んでいた別のPDUのスピットファイア（N3071）が、獲物の飛行機雲にまぎれて背後から忍び寄ってきた第51戦闘航空団第II飛行隊（II./JG51）のBf109E型6機に邀撃され、機関砲弾によりエンジンを損傷。写真偵察機のパイロットは脱出し、捕虜となった。このときの6機の追撃者のなかには、2名の未来のエース——ヨーゼフ・「ヨシュコ」・フェーツェー中尉とエーリヒ・ホハーゲン少尉が含まれていた。しかし、スピットファイア撃墜の功績をたてたのは、その後11月5日に自分自身もエセックス上空を飛行中にパラシュート脱出で捕虜となり、先のふたりにくらべればささやかな、7機の戦果をもって終戦を迎えるヨハン・イツルナー上級曹長であった。

　4月23日には、メルダースが9番目かつ「まやかしの戦争」最後の戦果を報告したが——撃墜されたC・N・S・カンベル軍曹機は、この日、第53戦闘航空団第III飛行隊が仕留めた2機の第73飛行隊機のうちの1機であった——これ以降は、ドイツ空軍が来るべきフランスおよび低地諸国への攻撃準備を開始したため、戦闘機の活動は減少の一途をたどった。

　1939年から1940年までのあいだ、西部戦線沿いの空戦が決して「まやかしの戦争」でありえなかったことは、この間の戦闘飛行隊の戦果が160機以上に上り、終始、緊要なザール戦区を守り続けた第53戦闘航空団だけで、このうちの73機が撃墜されたという事実が、何よりの証拠であった。そして、もし、ポーランド戦がゲンツェンを生み、北海沿岸の防御がシュマッハーを生んだとするなら、西部要塞線の空の闘士として、最初に上げるべきは、ヴェルナー・メルダースの名前であろう。

chapter 4

スカンジナビアの幕間
scandinavian sideshow

ノルウェー戦におけるBf109部隊（1940年4月9日現在）

■第X航空軍団司令部；ハンブルク

		本拠地	機種	保有機数/可動機数
II./JG77：第77戦闘航空団第II飛行隊	カール・ヘンシェル大尉	フーズム	Bf109E	37/29

　ヒットラーは、彼の部隊をフランスや低地諸国へ放つ以前に、初期の戦略的急襲の一環として、国防軍の一部を北方へ派遣していた。1940年4月9日のノルウェー侵攻は、ノルウェーのナルヴィク港経由でドイツへ供給されていたスウェーデン産鉄鉱石の海路保護と、その供給を断つべく送り込まれた英仏の遠征軍——ドイツ軍に劣らず勇猛であったが、準備と装備の点でははなはだ劣っていた——を打倒するための戦いであった。

　作戦開始当初、戦闘機の役割を果たし空挺侵攻部隊用輸送機Ju52の護衛にあたったのは、その戦域の広さから主に双発の駆逐機であった。一方、長期にわたるドイツ湾岸の哨戒任務から解放され、いまやカール・ヘンシェル大尉を指揮官とした第77戦闘航空団第II飛行隊のBf109は、最初はフーズムからデンマークのオールボーとエスビヤーへ、4月11日にはそこからスカゲラク海峡を跨ぎ、ノルウェー国内航空機が首都オスロから北極圏北側のトロムソまでの沿岸航路を飛ぶ際の最初の着陸点であるノルウェー南部の小さな民間飛行場クリスチャンサンド＝キイェヴィクへと、段階的に前進部隊の後を追った。

　いったんそこへ到着したヘンシェル部隊のパイロットらは、ノルウェー海上は最近のドイツ沿岸より敵機の活動がはるかに活発であると気づいた。かくして第77戦闘航空団の第5（5./JG77）中隊と第6中隊（6./JG77）の一部は、到着から24時間と経たぬうちに、接近中の英空軍の爆撃機編隊——クリスチャンセン港のドイツの軍艦を攻撃しようとしていた第44および第50飛行隊のハンプデン12機——を迎え撃つべく、緊急発進を命じられた。Bf109部隊は15分間の戦闘で、ロベルト・メンゲ曹長による2機を含め、ちょうど半数のハンプデンを撃墜したと報告。しかし交戦はドイツ側有利と呼ぶには程遠く、敵爆撃機の応射により全攻撃機中5機が撃墜され、パイロット4名が死亡、1名が負傷した。また同地区のクリスチャンセン南西部では、それから10分後にも日課のパトロールに出た別の2機編隊が、沿岸航空軍第233飛行隊のロッキード・ハドソン哨戒爆撃機1機を撃墜した。

ノルウェー戦のBf109
Bf109 Over Norway

　第77戦闘航空団第II飛行隊の任務はいまやノルウェー沿岸南部と西部の防空であった。各中隊はこれを遂行するため、地区内の既存の飛行場数カ所

ノルウェー戦中の第77戦闘航空団第Ⅱ飛行隊における、エーミールの迷彩塗装の変化を示す2葉。4月、クリスチャンサンド・キイェルヴィクに駐機する本部4機編隊に依然として施されている、1940年初頭のライトブルーの標準塗装は、同戦役後半には、この飛行隊付補佐官機のように全体にわたる、より効果的なまだら模様へと変わっていった。

に分散配備された。飛行場はいずれも地上支援組織をほとんどもたず、膨大な仕事を自力でこなさねばならなかった。なかでも最悪の欠点は早期警告システムがほとんど整っていなかったことであった。フライア・レーダー局のネットワークが張り巡らされていたドイツ湾岸とは異なり、ノルウェー沿岸は開け放たれた扉同然だったのだ。このため各中隊は、ほとんどあてにならない地上管制を頼りに、四六時中パトロールに飛びまわらなければならなかった。地上管制の誘導は往々にして不正確で、常に遅く、あるとき、スタヴァンゲルのBf109 2機編隊が緊急発進を命じられて指示された通り4000mまで上昇したところ、英軍爆撃機にその下に入り込まれ、高度200mからの地上攻撃を許してしまった例はその最たるものだった。

しかしこのように、敵の偵察機の侵入や爆撃が頻繁であったため、敵がさほど多勢でなければ、ヘンシェル部隊のパイロットたちは、着々と戦果を伸ばすことができた。まずは4月15日、彼らは2機のハドソンを撃墜し、その9日後にはさらに同機を2機とブレニム1機を仕留めた。4月30日には第110飛行隊のブレニム2機を撃墜し、そのうちの1機には、1939年9月4日、一大尉として同飛行隊を率い、シリング・ロード上空で、今大戦最初の英空軍による爆撃を行っていたK・C・ドラン少佐が搭乗していた。

このときドランは搭乗員のなかでただひとり、生き延びて捕虜となったが、

勝者となった第4中隊のハインツ・デメス少尉は、それから3時間足らずのちに、2機のウェリントンを攻撃中、戦死することとなる。なお、デメスのBf109は被弾、炎上し、高度80〜100mから海へ垂直に墜落するところを目撃されたが、ちょうどそのとき、彼の僚機であるエルヴィーン・サヴァリシュ上級曹長がどちらか一方のウェリントンを撃墜したと報告している（これは、彼が12月14日にドイツ湾上空で2機を撃墜して以来の戦果であった）。

　いまや第77戦闘航空団第Ⅱ飛行隊の管轄範囲は、クリスチャンセンからトロンヘイムまで、さらに薄く広がり、連合軍の空中活動も依然衰える兆しはなかった。このようななかで、まず最初に同地区に移駐してきたのは、第2戦闘航空団第11（夜間）中隊（11.〈N〉/JG11）の単発戦闘機、Bf109C型とD型であった。これら旧式の夜間戦闘機がオールボーからトロンヘイムに到着したのは5月初頭のことであったが、その後、これらの機種はあまりに低速で、ノルウェー戦のような状況下に必要な素早い緊急発進と邀撃に対応できないことが発覚した。5月半ばには夜間もかなり明るく、24時間、ほとんど昼光のなかを飛ぶことができたにもかかわらず、中隊は戦果のないまま、多くの事故に見まわれ続け、5月21日にクリスチャンセンへ移動。6月初頭には元の飛行隊に合流すべくドイツへ戻っていった。

　そして世界の関心が、当時フランスと低地諸国を席捲していた電撃戦に釘付けになっていたころ、ヘンシェル部隊は基本的に何の援助もなく、冴えない孤立状態にあった。ノルウェー戦の戦火の中心はこのころまでに、第77戦闘航空団第Ⅱ飛行隊が介入するにはあまりに北辺のナルヴィク港そのものに移っており、もしも出撃を命じられたとしても、ナルヴィク上空には5分と留まることはできないものと思われた。

　確かに、上層部からは軽率な提案も出た。ナルヴィクに到着した彼らが、地上掃射か空中戦かで敵機を全滅させるまで戦い、その後、空挺部隊の第一波が強襲をかけて飛行場へ侵入するように、燃料の最後の数滴で、彼ら自身が着陸すればよいというような、無茶な戦略案であったが、それは即座に却下され、彼らを大いに安堵させたのだった。

　北はナルヴィク、南は低地諸国と、両側で荒れ狂う戦闘の中程に身を置いていた第77戦闘航空団第Ⅱ飛行隊にとって、5月は比較的静かに過ぎ、1カ月間の獲物はハドソン2機とブレニム1機に留まった。6月7日にはノルウェーのハーコン国王と政府が海路でイギリスへ脱出し、そこから苦闘を続けたが、それから3日後には極北の最後のノルウェー軍部隊が降伏し、地上戦は終結した。かくして、厳密に地上戦の期間内で見れば、ノルウェー戦ではBf109のエースは誕生しなかった。エースに最も近づいたのは、ロベルト・メンゲ曹長であり、彼が5月30日に撃墜を報告したハドソンは、ノルウェー戦中3機目の戦果であった。

ノルウェー地区初のエース
First Ace Over Norway

　しかし地上戦は終わったものの、空中活動は一向に衰えようとしなかった。というより事態はそのまったく逆で、事実、英空軍はノルウェー海域のドイツの沿岸交通を妨害したり、ノルウェーの港や高い断崖に囲まれた狭江に逃げ込もうとしているドイツ艦隊を監視、攻撃することに、さらに力を注いでいた。第77戦闘航空団第4中隊でも、ルーゲ将軍の降伏後24時間と経たぬうちから、

ある4機編隊が損傷しトロンヘイムに停泊中の巡洋戦艦「シャルンホルスト」を攻撃してきた第269飛行隊のハドソン12機を邀撃し、そのうちの2機を撃墜したと報告している。

　それから2日後の6月13日には、「シャルンホルスト」に対するさらに大規模な攻撃──英国空軍と英国海軍航空隊との協同作戦──が発起されたが、作戦は惨憺たる経過をたどった。沿岸航空軍のボーフォートによるトロンヘイム＝ヴァーネス飛行場襲撃は、相手に物質的損害をほとんど与えられず、かえって防空戦闘機に警戒を促したにすぎなかった。かくしてドイツ軍の戦闘機（第77戦闘航空団第4中隊のBf109と、ある駆逐機中隊のBf110）は早速追撃のために緊急発進し、約2時間前に英海軍航空母艦「アーク・ロイヤル」から発進し護衛なしで飛来した、英国海軍航空隊第880、第803飛行隊の無防備なスキュア急降下爆撃機14機に直面することとなった。

　爆弾を搭載した鈍重なスキュアに勝ち目はまったくなかった。撃墜された半数のスキュアのうち5機については、第77戦闘航空団第4中隊によってわずか3分間のうちに仕留められたことが報告され、ロベルト・メンゲ曹長はこのうちの2機を撃墜してノルウェー地区初のエースとなった。サヴァリシュ曹長もまたこのうちの1機を仕留め、自らの戦果を5機に更新したが、最初の3機は、ドイツ湾上空で獲得されたものだった。このときのスキュアの勇ましくも悲惨な攻撃──「シャルンホルスト」に命中したたった一発の爆弾も不発に終わっていた──は、英国海軍航空隊における急降下爆撃機時代の終焉を告げていた。猛然と攻撃に臨む戦闘機の前では、それは無防備極まりなかったのだ。そしてドイツ空軍のJu87もまた、まもなく、その夏の南イングランド上空で、同じ経験を味わわされることとなる。

元フランス軍機への改変
Re-equipped with ex-French Fighters

　その後、英海軍航空隊は受けた傷を癒すべく引き揚げていったが、英空軍は独自の攻勢を継続し、6月15日にはストラヴァンゲル付近で、第233飛行隊のハドソンをさらに3機失った。このうちの2機は、その後エースとなり、192機の総戦果と剣付柏葉鉄十字章の受勲とともに第11戦闘航空団長として終戦を迎えたアントン・「トニ」・ハックル上級曹長の最初の戦果であった。ハックルはまたその6日後にも、本国へ帰航すべく南下中の「シャルンホルスト」を攻撃してきた第42飛行隊のボーフォート9機中の1機を戦果に加えている。このベルゲン北部の戦闘では、このほかにも、疲れを知らないメンゲがさらに1機、やがて60機撃墜のエクスペルテとなるホルスト・カルガニコ少尉が最初の1機目を仕留めるなど、3名のパイロットがボーフォート（彼らはこれをヘアフォードと誤認）の撃墜に成功していた。

　また、この6月21日は第186輸送航空団第II（戦闘）飛行隊（II.〈J〉/186）が最初の戦果を報告した日でもあったが、実際のところ、ハンス・ショッパー中尉が仕留めたというサンダーランド飛行艇は損傷したにとどまった。同飛行隊がダンツィヒから直接この地域に到着したのは同月初頭のことで、指揮官はハインリヒ・ゼーリガー大尉が続投し、オスロ～トロンヘイム間の沿岸防御の強化が彼らの任務であった。だが、結局のところ活動の機会はほとんど生じなかった。しかし、ショッパーがサンダーランドを撃墜したと誤認したときからちょうど1か月後、ロレンツ・ヴェーバー中尉が大型飛行艇の1機、すなわち7

月21日にトロンヘイム地区の偵察に出かけた第204飛行隊機の撃墜に成功した。ヴェーバー中尉自身はその後、行方不明を報じられており、おそらく戦闘直後に海に墜落したものと思われる。

　1935年から長年にわたり続いていたドイツ海軍唯一の航空母艦「グラーフ・ツェッペリン」号の建造が継続困難に陥り、急激に滞り始めたのは、同飛行隊の8週間のノルウェー滞在期間中の出来事だった。第186輸送航空団第Ⅱ(戦闘)飛行隊は艦上任務用として1938年に創設された戦闘飛行隊である。同飛行隊は暗黙のうちに、将来の確実な配備先を失い、よって第77戦闘航空団へ併合されることが決まったリガーの飛行隊は、第77戦闘航空団第Ⅲ飛行隊としてベルリンへ出発したが、そこで激しい衝撃──装備をフランスで鹵獲されたホークH-75Aに改変しての首都防衛任務──が彼らを待っていた。さいわい、この侮辱に悩まされたのは第7中隊だけに留まり、それも6週間続いたにすぎなかったが、それでも、最後のホークが訓練学校に引き渡されたときには、ベルリン中の阻塞気球を膨らませるほどに安堵のため息が出たなどといわれている。第77戦闘航空団では、その後、第Ⅱ飛行隊がイタリアでの作戦に参加した際にも、短期間だけマッキC.205に転換したことがあり、これによってユニークな「ダブル」記録が達成された。実際の戦闘任務において2種類の外国製戦闘機で飛んだ実戦戦闘航空団は、確認しうる限り、後にも先にも彼らだけであった。

■「アドラータークとその後
Adlertag and After

　第77戦闘航空団第Ⅱ飛行隊は引き続き、北海を越えてやってくるブレニムやハドソンからノルウェー南西部の海岸沿いを防御し続けていたが、スカンジナビア南部での大勝利はノルウェー海域ではなく、デンマークにおいて成し遂げられた。8月12日、第77戦闘航空団第5中隊が、ストラヴァンゲルからオールボーへ移駐した。そして歴史上「アドラータク」(鷲の日)という名で知られる、まさにその翌日から、イギリス本土航空戦の、ドイツ空軍による英空軍飛行場への総攻撃が始まった。

　しかし、8月13日の英国上空は、爆撃機の侵入を受けるばかりではなかった。この日、第82飛行隊の2個ブレニム編隊──全12機──は、ユトランド北部のオールボーの飛行場を爆撃すべく、ノリッジ付近の基地を飛び立った。途中、デンマーク沿岸に到達したところで燃料系統の故障から1機が基地へ引返したが、残り11機は半島を北東方面に横断しつつ、目標への直線コースを飛び続けた。一方、目標上空では、延々と陸地の上を侵入してくる敵機(航行ミスによる)を警戒し、緊急発進を命じられた第77戦闘航空団第5中隊の4機編隊2個が彼らの到着を待ち構えていた。やがて、これらのブレニムのうち、5機は飛行場周辺で、残りは追跡を逃れようと北西方面へ弓なりに散開したところを1機残らず撃墜された。防御側の戦闘機が報告した戦果は全部で15機に上り、目標地区空の最初の4機については、ロベルト・メンゲ曹長が撃ち落したものと認められた。

　第77戦闘航空団第Ⅱ飛行隊はその後さらに3カ月間北方に留まり、そのあいだ主にハドソンやブレニムなど、15～16機の侵入機を撃墜した。ハインリヒ・ゼッツ少尉は8月27日、このうちの最初の獲物として、ストラヴァンゲル南部でブレニム1機を仕留め、自身の戦闘歴に初星を掲げた。ゼッツ少尉はそ

の後さらに137機を撃墜し、柏葉騎士鉄十字章と第27戦闘航空団第I飛行隊長の座を獲得したが、1943年3月、アブヴィル上空で複数のスピットファイアと戦い戦死している。

　またこの期間中には、飛行隊長交代の事態が発生した。カール・ヘンシェル大尉が飛行隊長の職を引き継いだのは、ノルウェー戦開始直前、前任者であるハリー・フォン・ビューロウ=ボトカンプ少佐が第2戦闘航空団「リヒトホーフェン」の司令に昇進したときのことであったが、どういった理由からか、ヘンシェルの評判は悪かった。そして9月、彼は参謀職に異動となった。彼の解任を勝ち取ったのは、反乱か、軍法会議かの狭間で揺れながらも、団結し、航空艦隊本部に直訴し続けた部下の中隊長らであった。かくして第77戦闘航空団第II飛行隊はフランツ=ハインツ・ランゲ大尉の指揮の下、1940年11月にブレストへ移駐、北海沿岸から大西洋岸への移動で、ついにスカンジナビアの戦場をあとにすることとなった。

　飛行隊は、ノルウェーとデンマークに駐留したこの期間中に、戦闘で6名のパイロットを失う一方、79機の敵機を撃墜していた。そしてここでもまた、ひとりの人物が頭角を現した。8月13日のオールボー上空での戦果が、実際、何機であったかはさておき、全13機の撃墜を報告したロベルト・メンゲ曹長が全作戦中最優秀の戦闘機パイロットであることに、疑念の余地はまったくない。この戦果のほかに、スペイン戦での4機の撃墜記録を携えたメンゲ曹長は、その後第26戦闘航空団へ移籍し、のちに詳述する通り、やがては同航空団でアードルフ・ガランド中佐の僚機パイロットを務めるに至った。

chapter 5

電撃戦の全盛
the blitzkrieg comes of age

西部におけるBf109部隊（1940年5月10日現在）

■第2航空艦隊（北部戦区）司令部；ミュンスター

		本拠地	保有機数/可動機数
第VIII航空軍団（グレフェンブロイヒ）			
Stab/JG27：第27戦闘航空団本部	マックス・イーベル中佐	ミュンヘン＝グラトバッハ	4/4
I./JG27：第27戦闘航空団第I飛行隊	ヘルムート・リーゲル大尉	ミュンヘン＝グラトバッハ	39/28
I./JG1：第1戦闘航空団第I飛行隊	ヨアヒム・シュリヒティング大尉	ギムニッヒ	46/24
I./JG21：第21戦闘航空団第I飛行隊	フリッツ・ヴェルナー・ウルチュ大尉	ミュンヘン＝グラトバッハ	46/34
戦闘方面空軍「ドイツ湾」（イェーファー）			
Stab/JG1：第1戦闘航空団本部	カール・シュマッハー中佐	イェーファー	4/4
II.(J)/TrGr.186：第186輸送飛行団第II（戦闘）飛行隊	ハインリヒ・ゼーリガー大尉	ヴァンガーローゲ	48/35
I.(J)/LG2：第2教導航空団第I（戦闘）飛行隊	ハンス・トリューベンバッハ大尉	ヴィーク・アウフ・フェール	32/22
II./JG2：第2戦闘航空団第II飛行隊	ヴォルフガング・シェルマン大尉	ノルトホルツ	47/35
IV.(N)/JG2：第2戦闘航空団第IV（夜間）飛行隊*	アルベルト・ブルーメンザート少佐	ホプシュテン	31/30
*依然Bf109Dを装備			
第2戦闘方面空軍（ドルトムント）			
Stab/JG26：第26戦闘航空団本部	ハンス・フーゴ・ヴィト少佐	ドルトムント	4/3
I./JG26：第26戦闘航空団第II飛行隊	ヘルヴィヒ・クニュッペル大尉	ドルトムント	47/36
III./JG26：第26戦闘航空団第III飛行隊	エルンスト・フライヘア・フォン・ベルク大尉	エッセン＝ミュールハイム	42/22
III./JG3：第3戦闘航空団第III飛行隊	ヴァルター・キーニッツ大尉	ホプシュテン	37/25
Stab/JG51：第51戦闘航空団本部	テオ・オスターカンプ大佐	ベニングハルト	4/3
I./JG51：第51戦闘航空団第I飛行隊	ハンス＝ハインリヒ・ブルステリン大尉	クレフェルト	47/38
I./JG20：第20戦闘航空団第I飛行隊	ハンネス・トラウトロフト大尉	ベニングハルト	48/36
I./JG26：第26戦闘航空団第I飛行隊	ゴットハルト・ハンドリック大尉	ベニングハルト	44/35
II./JG27：第27戦闘航空団第II飛行隊	ヴェルナー・アンドレス大尉	ベニングハルト	43/33
			613/447

■第3航空艦隊（南部戦区）司令部；バート・オルプ

		本拠地	保有機数/可動機数
第I航空軍団（ケルン）			
Stab/JG77：第77戦闘航空団本部	アイテル・レディンガー・フォン・マントイフェル中佐	ベッペンホーフェン	4/3
I./JG77：第77戦闘航空団第I飛行隊	ヨハネス・ヤンケ大尉	オーデンドルフ	46/28
I./JG3：第3戦闘航空団第I飛行隊	ギュンター・リュツォウ大尉	フォーゲルザング	48/38

第V航空軍団（ゲルストホーフェン）

Stab/JG52：第52戦闘航空団本部	メーアハルト・フォン・ベルネッグ少佐	マンハイム＝ザントホーフェ	3/3
Ⅰ./JG52：第52戦闘航空団第Ⅰ飛行隊	ジークフリート・フォン・エヘヴェーゲ大尉	ラッヘン＝シュパイエルドルフ	46/33
Ⅱ./JG52：第52戦闘航空団第Ⅱ飛行隊	ハンス・ギュンター・フォン・コルナツキ大尉	シュパイエル	42/28
Stab/JG54：第54戦闘航空団本部	マルティン・メティヒ少佐	ベブリンゲン	4/4
Ⅰ./JG54：第54戦闘航空団第Ⅰ飛行隊	フベルトゥス・フォン・ボニン大尉	ベブリンゲン	42/27
Ⅱ./JG51：第51戦闘航空団第Ⅱ飛行隊	ギュンター・マテス大尉	ベブリンゲン	42/30

第3戦闘方面空軍（ヴィースバーデン）

Stab/JG2：第2戦闘航空団本部	ハリー・フォン・ビューロウ・ボトカンプ中佐	フランクフルト＝レブシュトック	4/4
Ⅰ./JG2：第2戦闘航空団第Ⅰ飛行隊	ロト大尉	フランクフルト＝レブシュトック	45/33
Ⅲ./JG2：第2戦闘航空団第Ⅲ飛行隊	Drエーリヒ・ミックス大尉	フランクフルト＝レブシュトック	42/11
Ⅰ./JG76：第76戦闘航空団第Ⅰ飛行隊	リヒャルト・クラウト中佐	オーバー＝オルム	46/39
Stab/JG53：第53戦闘航空団本部	ハンス＝ユルゲン・フォン・クラモン・タウバーデ中佐	ヴィースバーデン＝エルベンハイム	4/4
Ⅰ./JG53：第53戦闘航空団第Ⅰ飛行隊	ロータル・フォン・ヤンソン大尉	ヴィースバーデン＝エルベンハイム	46/33
Ⅱ./JG53：第53戦闘航空団第Ⅱ飛行隊	ギュンター・フォン・マルツァーン大尉	ヴィースバーデン＝エルベンハイム	45/37
Ⅲ./JG53：第53戦闘航空団第Ⅲ飛行隊	ヴェルナー・メルダース大尉	ヴィースバーデン/エルベンハイム	44/33
Ⅲ./JG52：第52戦闘航空団第Ⅲ飛行隊	ヴォルフ・ハインリヒ・フォン・ホウヴァルト大尉	マンハイム＝ザントホーフェン	48/39

601/427

　ドイツ空軍は、たった1個の戦闘飛行隊で充分と思われたノルウェー攻略戦とは対照的に、西部の兵力を大幅に増強して、来るべきフランスと低地諸国への侵攻に備えていた。それは、ひとつの作戦に単発戦闘機部隊中、スカンディナヴィアに派遣されていた第77戦闘航空団第Ⅱ飛行隊と2個の分遣中隊、およびベルリンの本土防衛任務に控置されていた第3戦闘航空団本部と第Ⅱ飛行隊を除くすべての部隊を一斉投入するという、同空軍始まって以来の大集結であった。

　かくして全27個の戦闘飛行隊は第2、第3航空艦隊下でほぼ二等分され、「西部要塞線」全域に配置された。それぞれの飛行隊は必ずしも母体となる航空団とは限らない、全9個の本部によって統率され、表に示したように、かなり複雑な戦闘序列が出来あがった。

　投入されたパイロットの数は、千余名を数えた。そのなかで、その後6週間の作戦中に5機撃墜を達成し、エースの地位を獲得したものは相当数に上り、この間に初戦果を果たし、まだ想像だにしない5機以上の撃墜記録へ第一歩目を踏み出した者にいたっては、さらに多かった。ここではその全員についてページを割くことはできないが、確かに、その後名パイロットとして注目を集めた人物は、早くも、フランスが敗北するかなり以前から、すでに異彩を放ち始めていた。

▎西方への侵攻
Invasion of France and the Low Countries

　簡単に説明すると、作戦自体は「黄」作戦と「赤」作戦のふたつに区分されていた。「黄」作戦は、イギリスの海外派遣軍とフランスの北方軍を低地諸国救援に誘い出すことを狙った、オランダとベルギーへの総攻撃から始まり、いったん連合軍が防備の整った陣地を離れ、北東へ移動し始めたころには、その後方への大攻勢に移り、主力戦車部隊をもって彼らの背後を蹂躙しつつ、一

気に海峡沿岸を目指すというものだった。そして、このようにして、低地諸国とおびき寄せられた英仏師団が分断、包囲され、殲滅した暁には、ドイツ国防軍が針路を南および西へ転換し、ソンム川を越えてフランス中心部へ進出するという「赤」作戦が開始される予定だった。

　この攻撃計画によれば、作戦開始当初の戦闘に最も深く関与するのは、北部の第2航空艦隊の戦闘機隊であった。そしてなかでも、マックス・イーベルの第27戦闘航空団本部所属部隊は、先鋒として、シュトゥーカ、ドルニエ、ヘンシェルをもってベルギーとオランダの国境守備隊を突破するよう命じられていた、フォン・リヒトホーフェン少将麾下第Ⅷ航空軍団の戦闘機戦力を務めることになっていた。5月9日21時55分、全部隊は第2航空艦隊司令部より「05時35分に実施せよ」という短い命令を受信したが、降下猟兵を乗せた最初のJu52がイーベルの部隊のBf109に護衛されつつ、アーヘン北部でドイツの国境を越えたのは、実際のところその25分前のことだった。この西方の作戦の初日、第27戦闘航空団の飛行隊に託された第一の任務は、ケルン周辺の基地とアルバート運河沿いの空挺部隊の降着点とのあいだを往復する3発輸送機を護衛することであった。

　最初の戦果は、任務開始直後、単独でマーストリヒト北部を哨戒中のベルギー軍の複葉機（ファイアフライと確認されたが、おそらくフォックス）を急襲した第21戦闘航空団第Ⅰ飛行隊のウルチュ大尉によって報告された。そしてこの日が終わるころまでにはさらにベルギー軍のグラジエーター4機が戦果に加わり、うち1機はハンス＝エッケハルト・ボブ少尉が仕留めたもので、彼は将来、撃墜戦果59機のエースとなり、アードルフ・ガランド中将指揮の第44戦闘団（JV44）のMe262パイロットとして終戦を迎えている。

ヴァイス大尉が指揮する第2教導航空団第Ⅱ（地上攻撃）飛行隊のヘンシェルHs123地上攻撃複葉機と前進基地を共用する、第1戦闘航空団第Ⅰ飛行隊（のちの第27戦闘航空団第Ⅲ飛行隊）のBf109E型。

ガランド登場
Hauptmann Galland

　5月11日、Ju52輸送機の直掩任務から解放された第27戦闘航空団本部の飛行隊は、マーストリヒト西部の局地的制空権を確立する目的で、何度も索敵攻撃を実施した。この活動は、ベルギー空軍のみならず、低地諸国と新たに連合した英仏部隊との戦闘をも引き起こし、結果、多数の撃墜報告がもたらされた。この日、初戦果を果たした者のなかには、将来騎士鉄十字章受章者となるフランツィスケット、ホムート、レートリヒなどが含まれた。また、すでにコンドル軍団時代に7機を撃墜していた第1戦闘航空団第I飛行隊のヴィルヘルム・バルタザル大尉は、同日、グラジエーター3機とフランス軍のモラヌ1機を撃ち落とし、本作戦中もっとも輝くであろう明星の出現を予感させた。

　それから24時間後、英空軍がマーストリヒトの橋梁に対し自殺的ともいえる攻撃を開始。同空軍はこれに投入した第12飛行隊のバトル全5機を、高射砲部隊と第27戦闘航空団第I飛行隊の戦闘機との猛烈な連携攻撃によって失い、同戦闘初の犠牲を被った。同じく5月12日には、第1戦闘航空団第I飛行隊が第139飛行隊のブレニム7機を撃墜したのち、ディーストでも駐機中のベルギー機16機を破壊、第21戦闘航空団第I飛行隊と第27戦闘航空団第I飛行隊も協同で、ハリケーン8機の撃墜を報告した。

　なおこの日、マックス・イーベルの航空団では2機の本部小隊機も出撃した。パイロットは航空団付補佐官と技術将校であり、この補佐官とは、おそらく戦時下のドイツ空軍でもっとも名高く、その後ももっとも有名な戦闘機パイロットであり続けたアードルフ・ガランド大尉その人であった。ガランドはスペイン戦時代、ハインケルHe51による地上攻撃を主な任務としていた。そして帰国後、ポーランド戦に際しても、彼の配属先は、元の戦闘機隊ではなく、ヘンシェルHs123地上攻撃機飛行隊であった。ところが、ポーランドから戻るや、彼はすぐに医療部隊で軍医を務めるひとりの友人を探し出し、ここで、持ち前の機略の才を発揮した。それはその後、戦闘飛行に従事した3年間のみならず、ますますその理不尽で短気な性格に拍車をかけていくヘルマン・ゲーリングの下で、戦闘機隊総監を務めたさらなる苦悩の時期においても、大いに功を奏したものだった。リウマチの気があるようだと痛がって見せたガランドは、従順な軍医から、まんまと、うってつけの療養勧告をとり付けるのに成功した。指示の内容は「今後、コックピットを開放したまま飛んではならない」というもの［Hs123は開放風防］だった。

　かくして、本領発揮の場を得たガランドはいまや、Bf109E型の操縦席に座り、リエージュの西7kmを高度4000mで飛行、その1000m下では彼の存在にまったく気づいていない8機のハリケーン編隊が飛んでいた。彼はこれを討ち取りたい一心で発砲した。射程の限界ほぼぎりぎりの距離からだったが、それでも弾は標的に見事命中した。被弾した敵機は、よろよろと回避行動にでた。しかし、2回目の航過時の射撃がとどめとなり、制御の利かなくなったハリケーンの機体は両翼の一部を吹き飛ばしつつ落下していった。

　「奴らは有利な高位置から太陽を背にして飛来し、私はこれにまったく気づかなかった。突如、衝撃音が鳴り響いたかと思うと、コックピット中にコルダイト火薬の炎が燃え広がったのだ」

　第87飛行隊のフランク・ホーウェル軍曹はのちに、自身がガランドの最初

の犠牲者となったときの模様をこう語った。一方のガランドは、次のように述べている。
「1機目の獲物はわけなく片付いた。私は優秀な兵器と幸運に恵まれていた。優秀な戦闘機乗りになるにはこの両方が必要なのだ」
　ガランドはさらなる獲物を求めて散開した編隊を追いかけ、低空で別の一機を撃墜——敵機はこの直後に墜落しカナダ軍のジャック・カンベル少尉が死亡——その後、同日中に、ティルルモン上空で3機目を撃ち落とした。このとき彼の僚機を務めたのは、ポーランド戦初日に第21戦闘航空団第I飛行隊で最初の戦果をあげたあのグスタフ・レーデルであり、彼もこの日、4機目の撃墜を果たしている。ガランドは長いあいだ敵機はベルギー軍のものだと信じ込んでいたが、同国の貧弱なハリケーン部隊は戦闘に参加することなく、最初の48時間のうちに地上で捕捉、破壊されていた。
　この日までのイーベル配下の飛行隊は、明らかに低地諸国上空でもっとも多くの戦闘を戦ってきた部隊であったが、第2戦闘方面空軍に配属された2個の戦闘航空団も、まったく出番がないわけではなかった。ヴィット少佐の第26戦闘航空団は5月10日、空挺師団を乗せたJu52輸送機隊第一波の前方を飛び、オランダ軍戦闘機5機を撃墜した。この間に仲間のパイロット1名が不時着を余儀なくされ行方不明となったが、その彼は着陸後に生まれて初めて降下猟兵として戦いつつオランダでの短い作戦の残りの期間を過ごしていたので、未帰還は一時的なものですんだ。

第26戦闘航空団
JG26

　2日目、第26戦闘航空団第II、第III飛行隊は、ベルギー上空でフランス軍のホークH-75Aと交戦し——いうまでもなく、英仏軍はドイツ軍の思う壺にはまっていた——6機の撃墜と、その他数機に損傷を与えたことを報告した。それから48時間後の5月13日、第26戦闘航空団は、オランダ軍とは最後の、イギリス軍とは最初の小さな戦闘をおこない、第26戦闘航空団第4中隊長のカール・エビヒハウゼンが、オランダ軍の最後の実用フォッカーT-V中型爆撃機と、護衛のG-Ia双発戦闘機2機のうち1機を、ドルドレヒト付近で撃ち落とした。第5中隊の勝利はさらに目覚しかった。彼らは、英国に基地を置く第264飛行隊のデファイアント編隊と同地区で遭遇し、全6機中5機を撃破するとともに、護衛のスピットファイア1機（第66飛行隊所属）をも撃ち落としていた［英国側からみた戦いは本シリーズ第7巻「スピットファイアMkI/IIのエース 1939-1941」10頁を参照］。
　一方、第26戦闘航空団第5中隊が受けた唯一の損害は、カール・ボリス少尉のBf109が、70mあまりの距離からデファイアントの銃塔射手に撃たれたことであった。ボリスは「黄」作戦開始に先立ち、ベルリンで対毒ガス講習を受けていた。すべての搭載物を投下し夜中飛びつづけた結果、5月11日早朝のブリーフィングに間に合うよう無事ドルトムントに帰還できたボリスであったが、今度は落としたパラシュートを拾いに行ったきり、ふたたび飛行隊に戻ってきたときには、4日も経過していた。その後も第26戦闘航空団で戦い続けたカール・ボリスは、やがて同航空団きっての勇士となり、終戦を迎えるころには43機の撃墜記録をもつ第I飛行隊長に進級していた。

1940年から1945年まで第26戦闘航空団で飛び続け、最後の2年間は同航空団の第I飛行隊長を務めたカール・ボリスの大尉当時。

「テオおじさん」の第51戦闘航空団
'Onkel Theo'

　第51戦闘航空団は第26戦闘航空団と同じく第2戦闘方面空軍に属し、第一次大戦と第二次大戦の両方で実戦に参加した数少ないパイロットのひとり、テオ・オスターカンプ大佐が司令を務めていた。

　1914年から1918年までの戦争で32機の撃墜戦果を収め、「ブルー・マックス」ことプロイセン勲功章を受章したテオ・オスターカンプは、それ以来、ドイツ空軍随一の名門戦闘機学校で校長を務め、すでにこのときは、「テオおじさん」として、だれもが知る人気者となっていた。最初の数カ月間でふたりの飛行隊長を失うという波瀾続きの第51戦闘航空団にとっては、彼のような指揮官が必要であった。最初の事件は彼が航空団司令に着任してから72時間後に発生した。それは低空飛行中のパイロットが学童数名を死亡させるという、痛ましい事故であったが、事態はその後、第51戦闘航空団第I飛行隊長フォン・ベルク少佐を、第3航空艦隊管轄外の第26戦闘航空団第III飛行隊長へ異動させるというかたちで収拾された。そしてふたり目の、リヒトホーフェン航空団員として第一次世界大戦を戦った第II飛行隊のエルンスト・ブルガラー少佐は、2月2日、おそらくプロペラ装置の故障からコンスタンツ湖岸に墜落して失われた。

　またあるときは、若く経験の浅いひとりのパイロットが、「未確認の双発偵察爆撃機」を撃墜したと、誇らしげに報告にやってきたこともあった。その後の調査で、その未確認飛行機の正体はフォッケウルフFw58「ヴァイへ」であり、しかも地方の地区戦闘機部隊司令官を乗せて飛行中であったことが判明したときには、オスターカンプの人気を象徴するかのように、事件は瞬く間に戦闘機隊中に知れ渡り、「テオおじさんが野心家とは知っていたが、自分より上の進級候補者まで撃墜しにかかるとはねえ」といった、笑い話の種になった。

　さて、このようなオスターカンプ大佐が先導役を務めるなか、彼の麾下の飛行隊全4個は5月10日0540時［午前5時40分］にヴェーゼル上空で会合した。Ju52輸送機がまもなく到着するのに先立ち、飛行場に一連の連携攻撃をかけ、駐機中のオランダ空軍機を無力化することが彼らの任務であったが、航空団司令はついていなかった。指定された目標、アイントホーフェンはもぬけの殻であったし、ロッテルダムとハーグ周辺で空挺部隊の降着を掩護するという同日2つ目の任務でも、敵機はついに現れなかった。

　しかし5月11日、視界が悪く、雲が低く垂れ込めたこの日に、オスターカンプ

デ・コーイの草地の上に侘しく横たわる、ディートリヒ・ロビッチュの「黒の1」号機。コックピットの下に微かに見えるのは、彼の個人標識である「デア・アルテ」(Der Alte＝老人) の文字。

は、第二次大戦中の6機の戦果のうち最初の1機目の撃墜を報告した。獲物は、アルンヘム〜アムステルダム道を前進中のドイツ軍縦隊を攻撃していた、オランダ空軍の双胴機フォッカー G-Ia であった。

「私は層雲のなかをゆっくりと滑り降りた。何も見えない。ふと、下方の左斜め後ろに視線を落としてみた。ただなんとなくしたことだが、突如、何かがちらりと見えた。居たっ！ だが、すぐに消えてしまった。スロットルを緩め、さらに高度を下げる。恐らく地上の高さまで下りたあたりで、私は西日に照らされた機影を認めた。高度はいまや木の梢くらい。敵機は、右前方1000m足らずの位置だが、めっぽう速い。スロットルを全開にして、奴を追いかけた。敵は明らかに気づいていない。高度200mくらいをまっすぐ水平に飛んでいる。敵との距離は徐々に縮まっていった。体は汗でびしょ濡れになり、黒いサングラスはくもって何も見えなくなっていた。

「機影は徐々に鮮明となった。オランダ軍の双胴機だ。私はいまや機首を少し上げ、彼の下側後方に占位し、その機体が照準器一杯に広がったところで4門すべてを撃つ発射ボタンを押し込んだ。見えたのは飛び散る破片だけだったが、やがて敵機は左側へ後退するようにして、彗星の如く地上へ落下していった。たったこれだけ？ 冗談じゃない！ 奴はまだ、目の前に居るのではないか。まともに一連射も撃ってないのに。私は旋回してみた。たしかに、道路沿いの生垣の中には大量の残骸がある。その田園一帯を見渡すと、まだまだ沢山の、車輪やら、エンジンやら、主翼や機体の一部やらが散乱していた。私は前回の戦争に思いを馳せた。愛機に「たった」68個の破孔をあけて帰還したときのことを。あのときは、とりあえず、小さなラウンデルと日付を描いたキャンバス地の継ぎあてを貼り、またすぐに戦闘に舞い戻ったっけ。それにひきかえ、今日は、一撃で終わりか。我々は『大砲でツバメを撃ち落としている』ようだ」

オスターカンプが仕留めたG-Iaが「ツバメ」であったどうかはさておき、彼はこれで「ブルー・マックス」に続いて、第2級鉄十字章を佩用することとなった。

5分たらずの戦争
Less Than 5 Minutes

攻撃部隊の最右翼では、カール・シュマッハー率いるドイツ湾の古参が、沿岸地帯の掃討にあたっていた。おそらく、低地諸国上空でドイツ軍が行った全作戦中、もっとも知られていないのはこの活動であったと思われるが、彼らは最初から戦闘に参加していた。なかでも第186輸送飛行団第II（戦闘）飛行隊は5月10日、8機以上のフォッカーD-XXIを撃墜したと報告している。このうちの1機は、将来撃墜110機のエクスペルテとなり、柏葉騎士鉄十字章を受章する「クデル」こと、クルト・ウッベン上級曹長の最初の戦果であり、別の2機を仕留めたのは、同じく第5中隊のヘルベルト・カイザー軍曹であった。カイザーは、ウッベンとは異なり、生きて終戦を迎えた。68機の最終戦果と騎士鉄十字章を獲得し、戦争末期にガランドの第44戦闘団でMe262に搭乗した彼は、初期の対戦相手を、鼻も引っ掛けないようすで「我がBf109E型より時速75キロも遅いこの固定脚の単葉機は、大した相手ではなかった」と評している。しかし、彼の中隊長であったディートリヒ・ロビッチュ中尉は、この意見に異論を唱えたかったに違いない。彼は敵のD-XXI基地、デ・コーイ上空で同じ

1940年後半まで第53戦闘航空団第II飛行隊長を務めたハインツ・ブレトニュッツ大尉。騎士鉄十字章を佩用。救命胴衣や視性性の高い黄色いヘルメットカバーなど、水上戦用の装備も万全である。

射撃戦を戦い被弾、そのオランダ軍の飛行場のど真ん中に不時着していた。ロビッチュの戦争は5分と続かず、この5分たらずの戦闘が、5年以上に渡るカナダでの抑留生活をもたらしたのだから、「大した相手ではない」には、さぞ恐れ入ったことだろう。

セダンの戦い
Battle at Sedan

　北東部における英仏軍地上部隊の多くは、いまや、もはや取り返しのつかないほどに低地諸国での戦闘にのめり込みはじめ、ドイツ軍がその背後に大戦車攻撃をかけるときがやってきた。作戦開始から2日目までのあいだ、第3航空艦隊管区で発生した戦闘の数は比較的少なかった。5月12日正午ころ、第53戦闘航空団第6中隊長のハインツ・ブレトニュツ中尉が1機のポテーズ63の撃墜を報告したことにより、第53戦闘航空団でふたり目の5機撃墜達成者が誕生した。同日はまた、第52戦闘航空団第8中隊のギュンター・ラル少尉がホークH-75A1機を仕留めた日でもあり、これはその後全275機という、世界第3位の撃墜記録をあげる戦闘機乗りにとって、記念すべき最初の戦果となった。

　ところが、A軍集団の7個の機甲師団が5月13日までに、「通過不可能」といわれたアルデンヌ地方を突破し、一路ムーズ川を目指し始めると、英仏の爆撃機部隊は、もてるすべてを投じてセダン、およびその周辺のムーズ川の橋梁を猛然と破壊しにかかった。ムーズ川の防御部隊であるフランス第9軍が到着する前にこの極めて重大な障壁が破られてはならなかったのだ。対するドイツ空軍は、友軍戦車がピカルディーの平野を経て、イギリス海峡へ到達するのに必要な動脈を寸断させまいと、同種の手段をもって報復を開始した。それからの24時間は「戦闘機の日」として、ドイツ軍史上伝説の一日となった。

1940年5月、シャルルヴィルでの第53戦闘航空団第Ⅱ飛行隊のエーミール。最終型の機体の鉄十字と、尾翼の中心線にかかったカギ十字との、過渡的な組み合わせに注目。手前は、ベルギー軍のフェアリー・フォックスの残骸と思われる。

セダン上空の空戦は、第53戦闘航空団が全面的に参加した、フランス戦最初の戦闘となった。過去数カ月にわたってほかのどの部隊よりも深くドイツ国境の保全に関わってきた第53戦闘航空団であったが、今度の任務はそんな彼らに相応しく、敵国境地帯を突破する際の中心的な掩護役であった。この日は第53戦闘航空団第Ⅰ飛行隊だけで、英空軍が失ったバトル33機中13機、ブレニム14機中10機の撃墜を報じた。このように第Ⅰ飛行隊の対戦相手が敵爆撃機であったのに対し、メルダースの第53戦闘航空団第Ⅲ飛行隊は一連の索敵攻撃により、飛行隊長の10機目の戦果を含む7機の敵戦闘機を撃墜していた。航空団全体では、同日、全43機の戦果が報告された。

　いまや写真遠方の森からフランス軍敗残兵を一掃し、シンニ・ル・プチでくつろぐ第2戦闘航空団第8中隊員たち。右端のヴィリンガー曹長は、この6カ月後、海峡上空で、第2戦闘航空団に今大戦500機目の戦果をもたらす。

　この日、セダン上空とその周辺で、のちに名を成す多くのパイロットが最初の戦果を収めたことは、特に驚くべき事実ではなく、将来、エクスペルテンとなる、フランツ・ゲッツとヴォルフガング・トネもそのうちのふたりであった。しかしすでにスペイン戦で8機、第二次大戦で3機の撃墜記録を持つ第53戦闘航空団第1中隊長ハンス＝カール・マイヤー中尉の快挙は、実に見事であった。彼は5月14日、バトル2機、ブレニム2機、ハリケーン1機の撃墜を報告し、西部戦線のエースのなかでも例の少ない「一日で5機撃墜」という偉業を達成したのであった。

　第3航空艦隊の戦闘機はこの日が終わるまでに、橋頭堡上空において全部で延べ出撃814機の任務飛行をおこない、連合軍の爆撃機と戦闘機89機分の残骸がムーズ川沿いに散乱した。英空軍では出撃した爆撃機71機中40機がついに戻らず、この規模の作戦では過去最大の損害となった。フランスのポール・レイノー首相は5月15日早朝、ロンドンに電話をかけてこう言った。
「やられた」
「我々は、セダンの戦いに敗れたのだ」
　電話の相手は、この5日前にイギリスの首相となったウィンストン・チャーチルだった。

シャルルヴィルは、フランス快進撃の際、第53戦闘航空団第Ⅱ飛行隊を含む多くの戦闘飛行隊の中継点となった。

進撃と混乱
Dash for the Channel Port

　ドイツ軍の最初の戦車が海峡沿岸に到達したのは、それから1週間足らずのことであった。フランスの英空軍爆撃機部隊が完全に背骨を砕かれ、フランス空軍が壊滅寸前の混乱に喘ぐいま、海峡沿岸の港を目指す快進撃の幕が切り落とされたばかりか、ドイツ空軍パイロットの高得点

カラー塗装図
colour plates

解説は96頁から

ここでは12ページにわたって、第二次世界大戦初期のドイツ空軍戦闘機エースたちが使用した航空機を側面図に示す。これらの作品はすべて本書のために描かれたもので、著者および側面図製作者のジョン・ウィールと人物画製作者のマイク・チャペルは、徹底的な調査を経て可能な限り正確な描写に努めてきた。ここに示したBf109はほとんど、今回初めてイラスト化されたものばかりであり、迷彩や標識は、1939年から1941年ころまでの元パイロットたちの証言に基づいている。

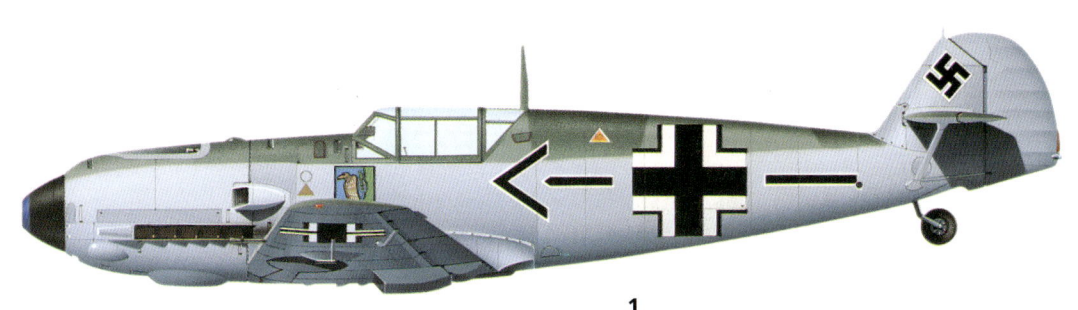

1
Bf109E-3 「黒のシェヴロンと横棒」 1940年春 イェーファー
第1戦闘航空団司令カール・シュマッハー中佐

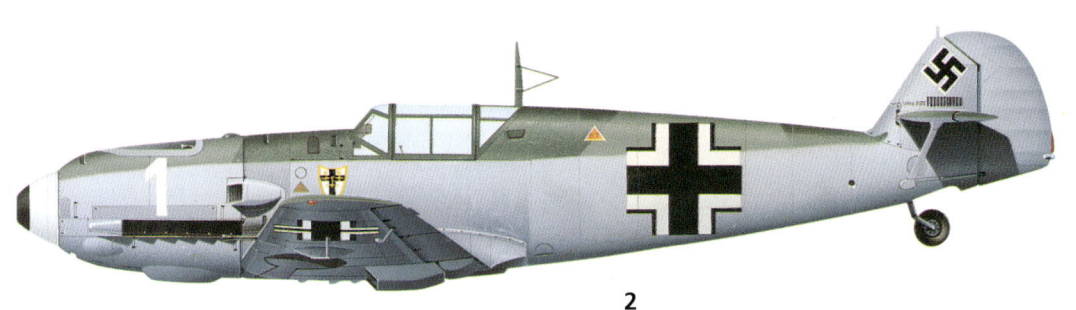

2
Bf109E-4 「白の1」(製造番号1486) 1940年5月 モシ=ブルトン
第1戦闘航空団第1中隊長ヴィルヘルム・バルタザル大尉

3
Bf109E-4 「黒の二重シェヴロン」(製造番号5344) 1940年10月 ボーモン=ル=ロジェ 第2戦闘航空団「リヒトホーフェン」第I飛行隊長ヘルムート・ヴィック大尉

4
Bf109E 「シェヴロンと三角」 1940年5月 フランス
第2戦闘航空団「リヒトホーフェン」第Ⅲ飛行隊長Drエーリヒ・ミックス少佐

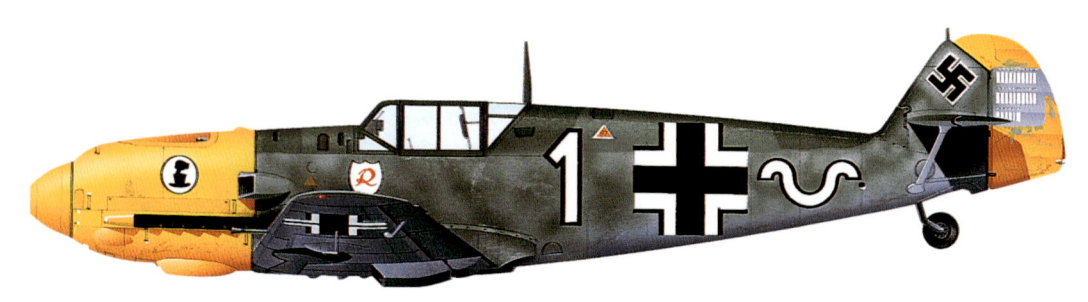

5
Bf109E-4 「白の1」 1940年9月 ル・アーヴル
第2戦闘航空団「リヒトホーフェン」第7中隊長ヴェルナー・マホルト中尉

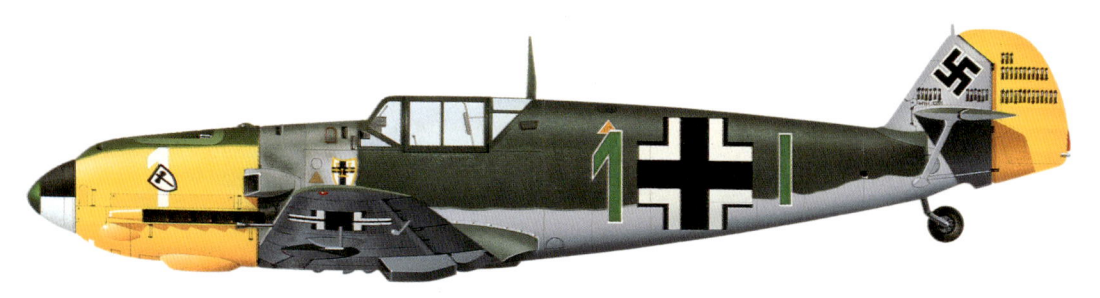

6
Bf109E-4（製造番号1559） 「緑の1」 1940年8月
デブル 第3戦闘航空団第Ⅲ飛行隊長ヴィルヘルム・バルタザル大尉

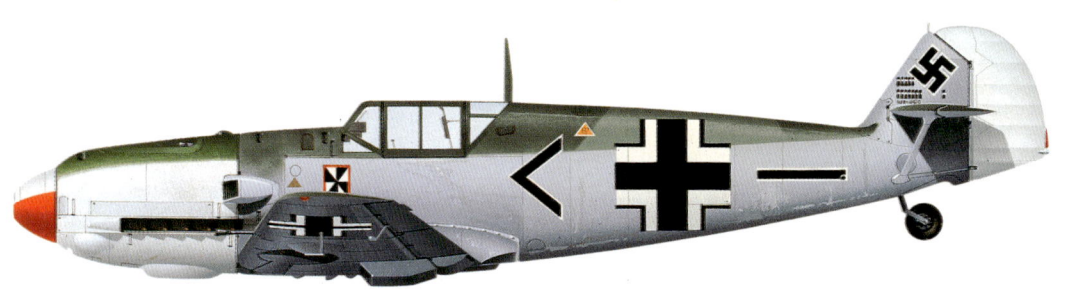

7
Bf109E-4（製造番号1480） 「黒のシェヴロン」 1940年8月
ザメ 第3戦闘航空団第Ⅱ飛行隊付補佐官 フランツ・フォン・ヴェラ中尉

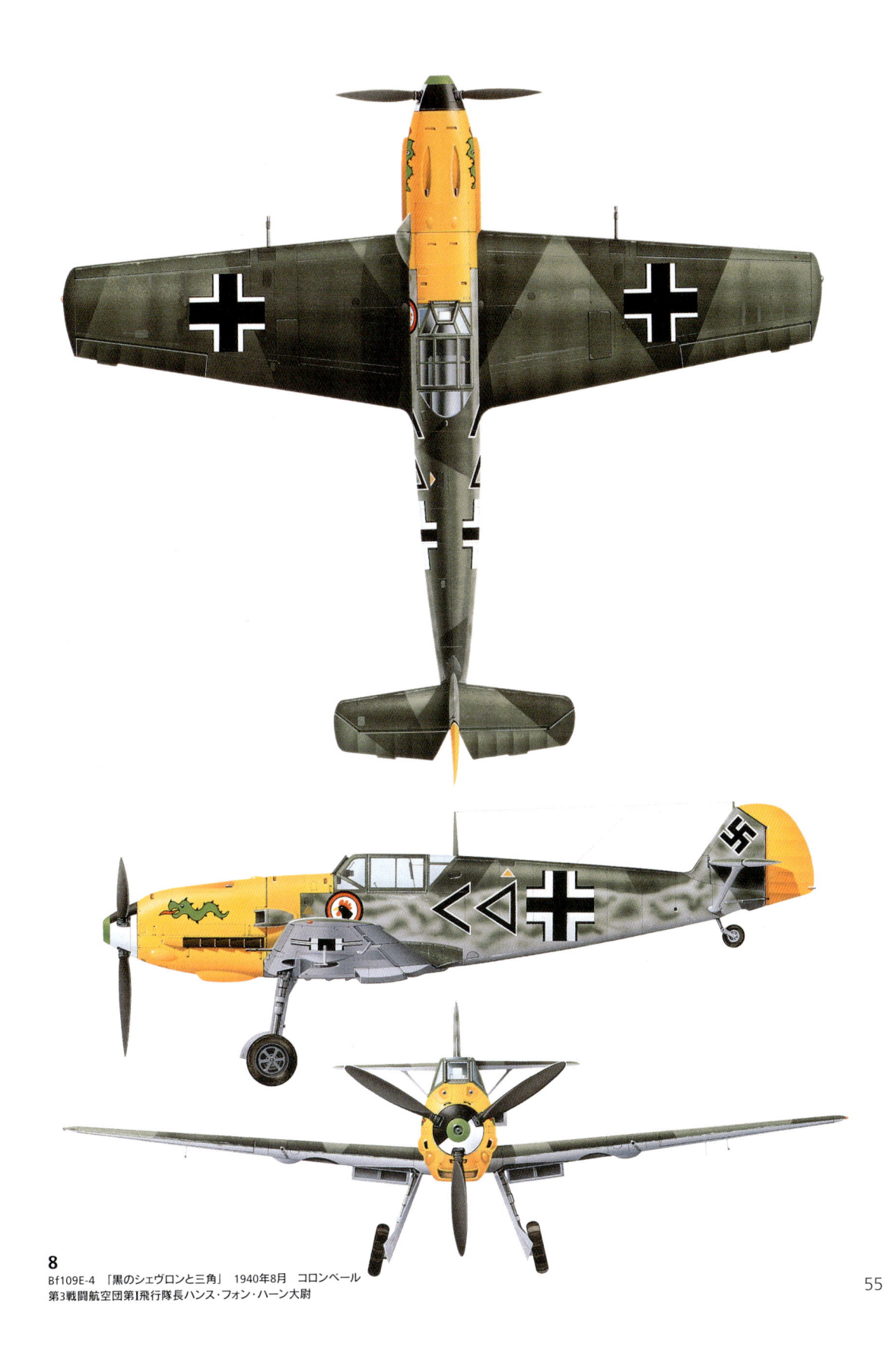

8
Bf109E-4 「黒のシェヴロンと三角」 1940年8月 コロンベール
第3戦闘航空団第I飛行隊長ハンス・フォン・ハーン大尉

9
Bf109E-4 「黒のシェヴロン、三角と横棒」 1940年3月 ベニングハルト
第20戦闘航空団第I飛行隊長ハンネス・トラウトロフト大尉

10
Bf109E-4/N 「黒のシェヴロンと横棒」(製造番号5819) 1940年12月
オデンベール 第26戦闘航空団「シュラーゲター」司令アードルフ・ガランド中佐

11
Bf109E 「赤の16」 1940年3月 ベニングハルト
第26戦闘航空団「シュラーゲター」第2中隊長フリッツ・ロージヒカイト中尉

12
Bf109E-4 「黄の1」 1940年8月 カフィエ
第26戦闘航空団「シュラーゲター」第9中隊長ゲーアハルト・シェプフェル中尉

13
Bf109D 「白のN7」(製造番号630) 1939年12月 イェーファー
第26戦闘航空団第10(夜間)中隊長ヨハネス・シュタインホフ中尉

14
Bf109E 「赤の5」 1939年9月 オーデンドルフ
第26戦闘航空団「シュラーゲター」第2中隊 ヨーゼフ・ビュルシュゲンス少尉

15
Bf109E-4 「二重シェヴロン」 1940年9月 モントルイユ
第27戦闘航空団第II飛行隊長ヴォルフガング・リッペルト大尉

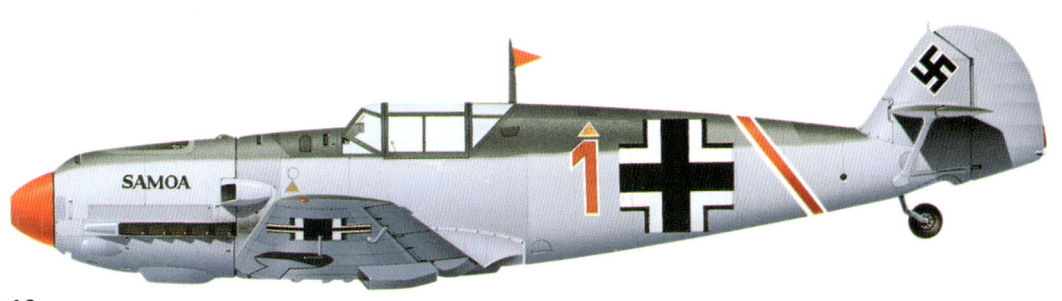

16
Bf109E-1 「赤の1」 1940年1月 クレフェルト
第27戦闘航空団第2中隊長ゲルド・フラム

17
Bf109E-1 「黒のシェヴロン」 1939年9月　オイティンゲン
第51戦闘航空団第1飛行隊副官ヨーゼフ・プリラー中尉

18
Bf109E 「白の13」 1940年9月　ピアン
第51戦闘航空団第1中隊　ハインツ・ベーア曹長

19
Bf109E 「黒の1」 1940年8月　マルキーズ
第51戦闘航空団第5中隊長ホルスト・ティーツェン大尉

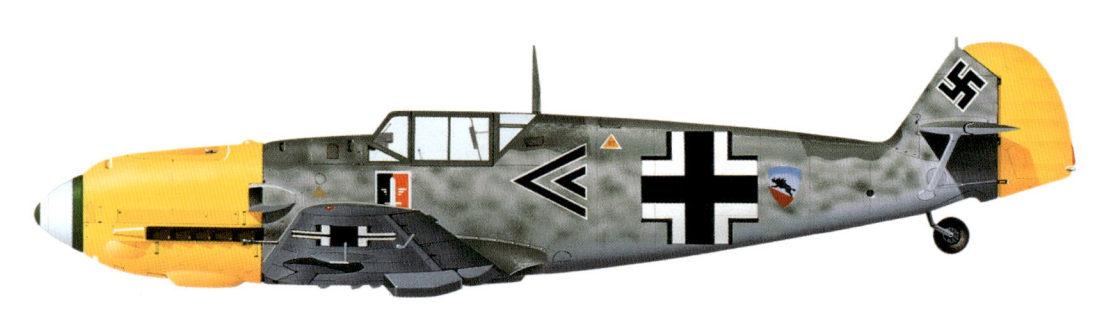

20
Bf109E 「黒の二重シェヴロン」 1940年9月　コケル
第52戦闘航空団第1飛行隊長ヴォルフガング・エヴァルト大尉

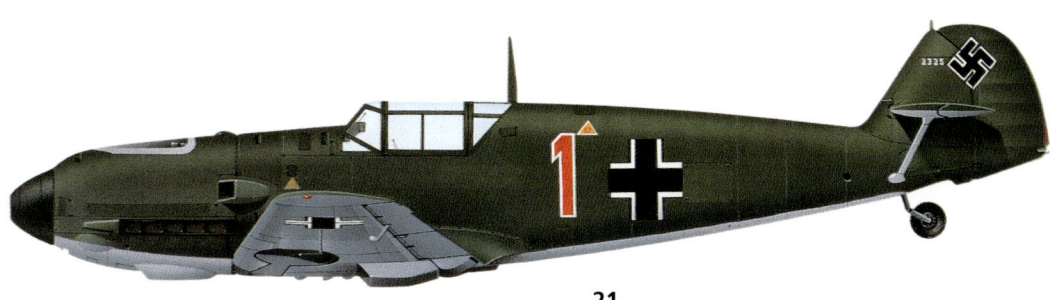

21
Bf109E（製造番号3335）「赤の1」 1939年10月 ボン=ハンゲラー
第52戦闘航空団第2中隊　ハンス・ベルテル少尉

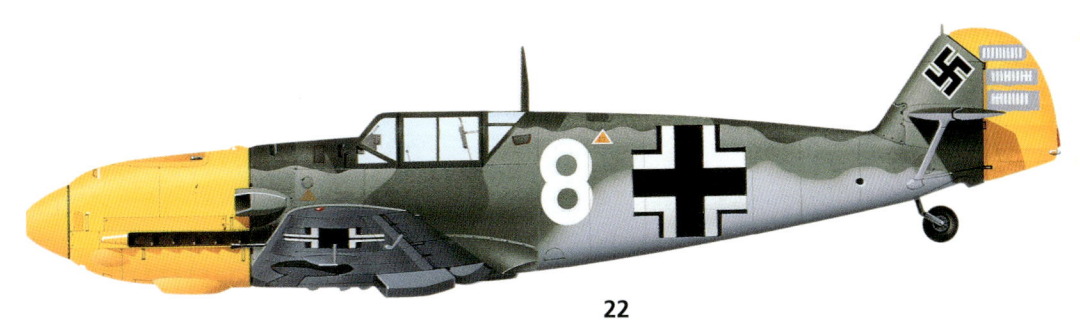

22
Bf109E 「白の8」 1940年9月 エタブル
第53戦闘航空団「ピーク・アス」[Pik-As＝スペードのエース]
第I飛行隊長ハンス=カール・マイヤー大尉

23
Bf109E 「黒のシェヴロンと三角」 1940年3月 トリアー=オイレン
第53戦闘航空団「ピーク・アス」第III飛行隊長ヴェルナー・メルダース大尉

24
Bf109E 「黒のシェヴロンと三角」 1940年8月 ヴィリアズ／ゲルンゼ
第53戦闘航空団「ピーク・アス」第III飛行隊長ハロ・ハーダー大尉

25
Bf109E-3（製造番号1244）「白の5」 1939年10月
マンハイム=ザントホーフェン　第53戦闘航空団「ピーク・アス」第4中隊
シュテファン・リトイェンス軍曹

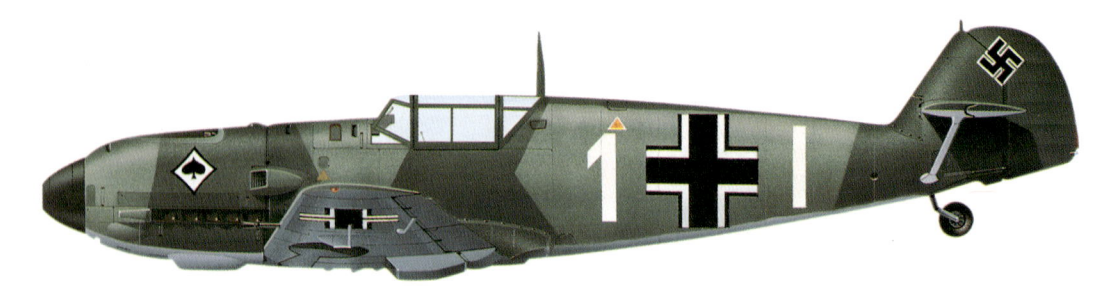

26
Bf109E 「白の1」 1939年10月　ヴィースバーデ=エルベンハイム
第53戦闘航空団「ピーク・アス」　第7中隊長ヴォルフ=ディートリヒ・ヴィルケ中尉

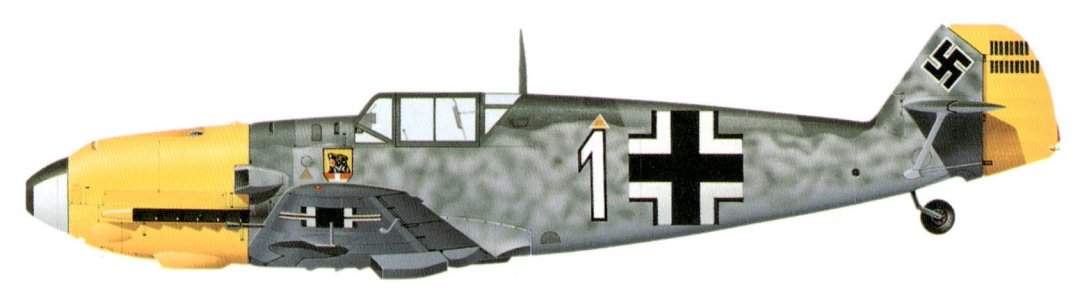

27
Bf109E-4 「白の1」 1940年10月　ヘルメリンゲン
第54戦闘航空団第4中隊長ハンス・フィリップ中尉

28
Bf109E-4（製造番号1572）「黒の3」 1940年9月
南ギニー　第54戦闘航空団第8中隊　エルヴィーン・レイカウフ少尉

29
Bf109E-1（製造番号4072）「赤の1」 1939年9月 ユリウスブルク
第77戦闘航空団第2中隊長 ハンネス・トラウトロフト大尉

30
Bf109E 「黒の1」 1940年8月 オールボー
第77戦闘航空団第5中隊 ロベルト・メンゲ曹長

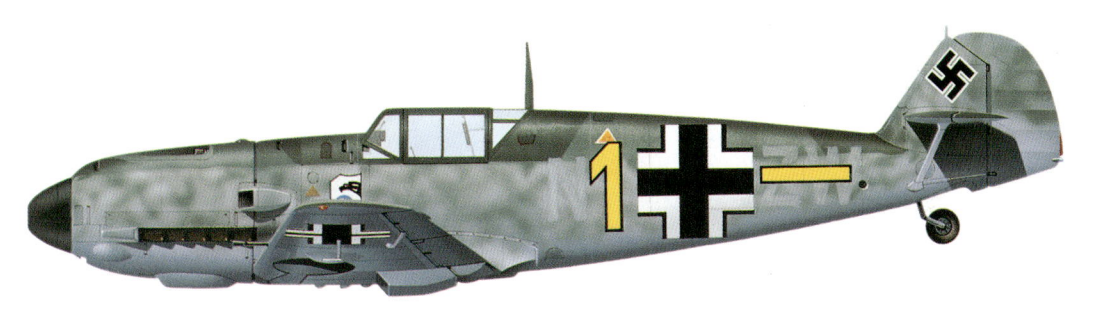

31
Bf109E 「黄の1」 1940年9月 クリスチャンサンド=キイェヴィク
第77戦闘航空団第6中隊長 ヴィルヘルム・モーリッツ中尉

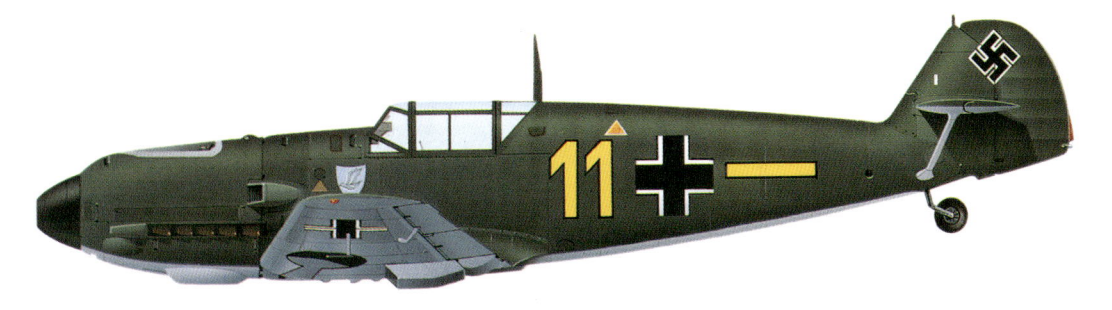

32
Bf109E 「黄の11」 1939年9月 ノルトホルツ
第77戦闘航空団第6中隊 アルフレート・ヘルト曹長

33
Bf109E（製造番号1279）「黄の5」 1939年12月　ヴァンゲローゲ
第77戦闘航空団第6中隊　ハンス・トロイッチュ曹長

34
Bf109D 「白のシェヴロンと三角」 1939年10月　ベルンブルク
第102戦闘飛行隊（第2駆逐航空団第I飛行隊）　ハンネス・ゲンツェン大尉

35
Bf109E 「黄の13」 1940年3月　ヴァンゲローゲ
第186輸送航空団第6（戦闘）中隊　クルト・ウッベン曹長

36
Bf109E 「黒の1」 1940年9月　マルキーズ
第2教導航空団第I（戦闘）飛行隊長ヘルベルト・イーレフェルト中尉

パイロットの軍装
figure plates

2
第26戦闘航空団司令アードルフ・ガランド少佐
1940年10月 オデンベール

3
第3戦闘航空団第I飛行隊長
ギュンター・リュツォウ大尉
1940年10月初め グランヴィル

1
第51戦闘航空団司令ヴェルナー・メルダース少佐
1940年9月後半 ワサン

5
第53戦闘航空団第II飛行隊長
ハインツ・ブレトニュッツ大尉
1940年9月　ディナン

4
第2戦闘航空団第I飛行隊長ヘルムート・ヴィック大尉
1940年10月　ボーモン＝ル＝ロジェ

6
第51戦闘航空団第I飛行隊長
ヘルマン＝フリードリヒ・ヨッペン大尉
1940年8月後半　ピアン

有名な第77戦闘航空団による敵歩兵攻撃部隊との銃撃戦の舞台、エスカルマンに放棄されたフランス軍のMS.406。

5月下旬、ローでは、ヴェルナー・メルダースの騎士鉄十字章受章に際し、祝賀会を開催。全戦闘機隊員中最初の受章であった。

者のあいだでは上位争いが始まっていた。依然、競争の先頭に立つヴェルナー・メルダースは、セダン戦の翌日、第53戦闘航空団第III飛行隊本部の4機編隊が仕留めたハリケーン3機中1機の撃墜を報じて記録を11機に更新、首位の座をより強固なものにしていた。

しかし聞こえてきたのは、彼の名ばかりではなかった。ギュンター・リュツォウ大尉は、この5月15日、5機目の撃墜を果たすとともに、指揮をとる第3戦闘航空団第I飛行隊に50機目の戦果をもたらした。第27戦闘航空団のアードルフ・ガランドも、それから24時間後には、リール付近でスピットファイア1機の撃墜を報告している。また同5月16日は、5月14日のオランダ降伏によって低地諸国での戦闘から解放され、第2航空艦隊所属の戦闘機隊として初めてフランス上空に姿を現した第26戦闘航空団が、南部での大攻勢に参加し始めた日でもあった。

だが、海岸への進撃は死傷者を伴うものでもあった。5月18日、ヴォルフ＝ディートリヒ・ヴィルケ中尉が複数のホークH-75Aとの空戦で被弾してパラシュートで脱出したことにより、第53戦闘航空団第7中隊は中隊長を喪失。その翌日には、第26戦闘航空団第II飛行隊長のヘルヴィヒ・クニュッペル大尉がリール上空で撃墜された。また5月21日には、もうひとりの第一次大戦からの古参パイロットで、第2戦闘航空団第III飛行隊長のDrエーリヒ・ミックス大尉がモラヌ戦闘機との戦いに敗れ、敵陣地内に不時着を余儀なくされた。大尉は日中は物陰に身を潜め、夜間だけの移動で48時間後に自分の部隊に帰還、その後、前大戦で獲得した3機の戦果に加え13機の撃墜を果たした。

損害はさらに続き、戦果リストが増えていく一方で、それを打ち消すかのように、敵による破壊や捕獲の数も膨らんでいった。しかしこの1940年5月から6月にかけての、赫々たる勝利の時期を生き延びた者にとって、生涯忘れ得ぬ記憶となったのは、彼らが経験してきた数々の空中戦だけではなく、むしろそれ以上に、彼らが闇雲に、地上前進部隊と歩調をそろえるべく次から次へと基地を求め、弾孔だらけの敵の飛行場や、舗装されていない滑走路へと、絶え間なく

65

前進し続けたときの混乱や混沌の日々であった。それは、いかに平時の演習を積もうと決して備えることのできなかった状況であり、きっと彼らのだれもが、語るべき体験談のひとつぐらいは得たことであろう。

たとえば第2戦闘航空団のあるパイロットの場合、彼は前方へ適切な基地を探しに行くよう命じられ、シャルルヴィル付近に飛行場を発見したが、使用許可を求めるうちに、大挙してやってきた第27戦闘航空団にそこを占領されてしまった。止む無く近隣のシンニ・ル・プチへ移動したものの、その一帯には未だフランス軍部隊が残っているという報告が入った。彼は敵を一掃すべく、部下10名を引き連れて飛行場周辺の森へ入り、最終的に軍団長1名、師団長3名、およびフランス植民地兵200名を捕らえたが、用心にこしたことはない。その晩、彼ら11名はその狭い飛行場に散乱していた多数のポテーズ仏軍機の残骸のひとつから、2挺の機関銃を取り外し、近所の農園付住宅の最上階にバリケードを作って立てこもった。階下は、そのような彼らをよそに、いつものように客で賑わっていた。おどろくべきこと、にその建物は実は売春宿付きの酒場だったというから、作戦中のある期間を尼僧院に寝泊りしたという第2教導航空団第I（戦闘）飛行隊のパイロットたちとは、大違いであった。

一方、シャルルヴィルを強引に占領した第27戦闘航空団も、大して恵まれてはいなかった。そこはフランス砲兵隊の射程内にしっかりと納まっていて、補給物資の輸送が困難であることがすぐに判明したのだ。彼らはやむなく、後方に戻る途中たまたまそこに着陸したすべての飛行機から、物資を押収するようになり、燃料などは次の飛行場まで飛べる分だけを残してやって、あとはサイフォンで吸い出す始末であった。あるときなどは、総統を乗せた視察用のJu52からも、物資をせしめようとしたというから恐れ多いことこの上ない。

さらに危険な例もある。第77戦闘航空団のパイロットらはエスカルマンを保持するために、重装備のフランス軍歩兵400名以上による攻撃を撃退しなければならなかった。また、遺棄され、1mもの草が生い茂った飛行場で、瓦礫の山や飛行機の残骸のわずかな隙間を縫うようして着陸しなければならなかったBf109も多かった。ある名飛行士の話だが、彼は花火大会さながらのまばゆい赤色照明弾に迎えられつつも、一列の小旗ぎりぎりのラインへと慎重に車輪を着地させたことがあった。小旗が滑走可能路を示していると思った

英空軍がフランス撤収中に失った多くのハリケーンのうちの1機。放棄された第3飛行隊機と思われ、胴体の円形標識やその他のマークは、すでに戦利品として剥ぎ取られている。左手のHe111爆撃機と右手後方のJu52輸送機に注目。

開戦当初、第51戦闘航空団第I中隊本部の4機編隊で飛んでいたころの、初々しいヨーゼフ・プリラー。彼は同航空団で最初の20機撃墜を記録したのち、彼の名とは切っても切れない第26戦闘航空団において（「Ospey Aircraft of the Aces 9——Focke-Wulf Fw190 Aces of the Western Front」を参照）、さらに81機の撃墜を果たし、より大きな栄光を掴んだ。

フランス軍戦闘機と戦い、行方不明と報じられた1940年6月5日直前のヴェルナー・メルダース大尉。依然、ファーカラーが付いたコンドル軍団時代のスペイン風のスタイルがお気に入りだった。

1940年10月7日、ザメにて撮影。ヴィルヘルム・バルタザルが第27戦闘航空団第7中隊長として36機の戦果を記録したフランス戦から3か月以上経っているのに、彼のエーミールの尾翼には、戦果マークが3個しか増えていない。第3戦闘航空団長のギュンター・リュツォウ少佐（写真左）と歓談中のバルタザル（中央）は、この頃すでに第3戦闘航空団第Ⅲ飛行隊長に昇進していた。救命胴衣を着た右端の同航空団第9中隊長のエーゴン・トロハ中尉。

フランス軍アミオ爆撃機の残骸。6月13日にヴァルター・エーザウ中尉が撃墜した、第51戦闘航空団の西部戦線における最後の獲物と同じ機種である。

からだが、その真上に降りなくて幸いであった。あとでわかったことだが、それらは、恐ろしいことに不発弾の着弾地点を表示するための旗だったのだ。

このような地上の混乱にもかかわらず、空戦の趨勢は、当然の帰結へ向かいつつあり、駆け出しの「エクスペルテン」は、戦果を増やし続けていた。ただしメルダースが5月20日の晩に撃墜した13番目の獲物に関してだけは、多少の謎が残った。たとえば、激戦の真っ只中でホークとハリケーンは見分けにくいと考える者でも、今回彼が撃墜を報告したヴィッカース・ウェズレイを見間違うはずがない。しかし撃墜された敵機の正体は、未確認のまま今日に至っている。それは、この日の行方不明リストに唯一あがっている1機のフェアリー・バトルであったのか、あるいはヴェルナー・メルダースは本当に、イギリスから東アフリカへ向かう途中にフランス上空を飛んでいたウェズレイと遭遇したのであろうか。

ダンケルク
Dunkirk

5月22日、英空軍部隊がフランスから引き揚げ始めたことにより、「黄」作戦最終幕への準備は整った。第27戦闘航空団はその翌日、英国に基地を置く戦闘機の攻撃からBf110駆逐戦闘機部隊を防御しつつ海峡沿岸の港の上空を飛び（まさに、その後のバトル・オブ・ブリテンの光景を彷彿させるような光景であった）、カレー〜ダンツィヒ地区において、僚機4機の損害に対し、敵機18機の撃墜を報告した。このうちの3機の撃墜はバルタザル大尉、2機はフランツィスケット少尉によるもので、バルタザル大尉はその3日後にもカレー上空でさらに2機のスピットファイアを撃墜した。また同5月26日には、第2戦闘航空団第2中隊も、最後の防御部隊を港の要塞から叩き出すべく、爆撃に向かう途中のJu87シュトゥーカ部隊の護衛として同じくカレーへ向かい、20機あまりのスピットファイア（第19、第65飛行隊所属）に遭遇、そのうちの5機を撃墜している。

メルダースが、アミアン南部で2機のホークH-75Aを撃ち落し、自身の撃墜記録を20機に更新したのはその翌朝のことで、彼はその2日後に騎士鉄十字章を受章した。ヴェルナー・メルダース大尉はこの記録を達成したドイツ空軍最初のパイロットであり、同空軍最初の騎士鉄十字章受章者でもあった。第53戦闘航空団第Ⅲ飛行隊が基地を置くラザルヴ近郊のル飛行場では、彼の晴の日を祝って、盛大な祝賀会が開催された。

5月28日早朝、ベルギーがついに降伏し、いまやイギリス軍はダンケルク脱出の真っ最中であった。それからの数日間、ドイツ空軍の戦闘飛行隊がダンケルクの海岸上空で数多くの撃墜を報告したことは、当時、「空軍機など、どこにも見当たらなかった」という、（空軍の支援を求めていた）英国海岸派遣軍による批判の数々が、誤りであったことを示してい

る。同地区では、この5月28日、第26戦闘航空団の3個の飛行隊が15機のイギリス軍戦闘機を撃墜、そのうちの6機のスピットファイアはハンドリック少佐の第26戦闘航空団第I飛行隊が海岸の脱出地点のすぐ近辺で起こった激しい格闘戦の最中に、またハリケーン6機は第26戦闘航空団第III飛行隊がオステンドの海岸線上空で落としたものだった。また、それから24時間後にはアードルフ・ガランドが油まみれの機体でサン・ポルへ帰還し、ブレニム1機を海へ撃ち落したと報告したが、この獲物は激しく損傷したものの何とか自身の基地での胴体着陸にこぎつけた、第21飛行隊機であったかもしれない。

ドイツ空軍はこのほかにも、同5月29日に65機もの戦果を収めた。このうち、第2教導航空団第I(戦闘)飛行隊は、ダンケルク上空でハリケーンを8機、内陸部サン・カンタン付近で2機のMS.406を仕留めたことにより、計10機の戦果を獲得。これら2機種のうちのそれぞれ1機ずつが、未来のエースに最初の戦果をもたらしていた——フリードリヒ=ヴィルヘルム・シュトラケルヤーン少尉(のちに地上攻撃戦の名手となる)がハリケーン1機を撃墜、終戦までに剣付柏葉騎士鉄十字章を受章し130機を撃墜するヘルベルト・イーレフェルト中尉がモラヌ1機の撃墜を報告した。

ダンケルク上空では、このほかにも多くのパイロットが——すでに有名な者も、まだこれからの者も——複数の戦果を収め、名をあげ始めた。たとえば、ともに第51戦闘航空団所属のオスターカンプ、プリラー、エーザウは、各自3機ずつの撃墜を報告し、第26戦闘航空団第III飛行隊付補佐官のヨアヒム・ミュンヘベルクは、5月31日だけで、そのさらに1機上を行く、4機の戦果を収めている。その翌日には第27戦闘航空団が日ごと狭まっていくダンケルクの防御陣地の東側で、2機のウェリントン——1機はザヴァリッシ曹長による——とスピットファイア6機を撃墜、スピットファイアのうちの1機はアードルフ・ガランドの11機目の戦果となった。

数週間にわたる苛酷な戦闘を終えた1940年6月、Villacoublayにて修理を受ける第26戦闘航空団第III飛行隊のエーミール。胴体の鉄十字には、初期型の縁どりの細いものから、新しい型へ描きかえるための準備として、部分的に塗料が吹きつけられている。

ドイツ軍の戦闘機部隊は、新たにフランス海峡沿岸の制空権を獲得。それを享受するが如く、第3戦闘航空団第1中隊の細かい斑模様のBf109E「白の2」号機が、カレー海峡ウァザン付近で上部白亜系の絶壁の上へと空高く舞い上がる。

メルダース捕虜になる
Mölders Gone a While

　ダンケルクからの脱出は、6月3日早朝に完了したが、このころすでに、ドイツ空軍の関心は、他へ移っていた。フランス残部の征服を狙った「赤」作戦の前準備として、大パリ地区の一連の軍事目標に対し、大規模な空中攻撃が開始されたのである。この6月3日のパリ攻撃、すなわち「パウラ」作戦は、フランス戦最後の、いくつかの大規模戦闘に発展した。

　この日、ダンケルク攻撃には直接関わってこなかった第53戦闘航空団の戦果は11機に上り、このなかには、ヴェルナー・メルダースの22機目と23機目の獲物、ホークH-75A1機と「スピットファイア」1機（ただし「スピットファイア」はドヴォアチーヌD.520であった可能性が高い）も含まれた。またこの日、アードルフ・ガランドがパリ北部での12機目の戦果としてモラヌMS.406の撃墜を報告したほか、第2教導航空団第Ⅰ（戦闘）飛行隊と第2戦闘航空団第Ⅱ飛行隊も「ポーラ」作戦に参加し、それぞれ6機と12機の撃墜を果たした。

　それから48時間後、思いも寄らぬことが起こった。「赤」作戦初日、6月5日の正午前、ヴェルナー・メルダースはコンピーニュ上空でブロック152戦闘機とポテ63の2機を撃墜したと報告。同日夕方には、4機編隊でふたたび空に上がり、いままさにモラヌの6機編隊に攻撃をかけようとしていた。ところがその彼の目前に、いきなり突っ込んでくる別の飛行中隊があった。彼らの発砲はあまりに性急だった。フランス戦闘機はすばやく警戒態勢に入り、またたく間に四散、それから激しい空戦が始まった。メルダースはその後の出来事を次のように語っている。

　「私はしばらくその戦闘の様子を眺めたのち、ほかの3機のメッサーシュミットに追いまわされても仕留められずにいた1機のモラヌに狙いをつけた。照準器が即座に機影をとらえる。敵機はすぐに急降下でかわすが完全には逃げ切れない。今度は突如、私の下で急上昇し、主翼の死角に潜り込んでくる。ふたたび発見、奴は斜め下に居る。こいつは驚いた！　撃ってもくる。でも、まるっきり的外れだ。

　「私はバンクでかわし、太陽のなかへと上昇。奴は私を見失ったのか、反対側へバンクし、南へ消えていく。下方では、2機のメッサーシュミットが依然、最後のモラヌを攻撃している。

　「上とうしろをちらっと見る、空はまだ、行きつ戻りつ飛ぶメッサーシュミットで一杯だ。現在、高度は800m。突如、コックピット中に爆発音が轟き、火花が走る。スロットルレバーは粉々に撃ち砕かれ、操縦桿がどさっと手前に崩れ落ちる。機体は垂直に落ち始めている。脱出しなければ一巻の終わりだ。

　「投棄レバーをつかみ、風防を吹き飛ばす。忠実な愛機がほんの一瞬機首をあげる。これが最後のチャンスだ。ベルトを外して操縦席から這い出す。さあ脱出だ！」

　ヴェルナー・メルダースがパラシュートで脱出するあいだ、彼の対戦相手である第7戦闘機大隊第Ⅱ飛行隊（GCⅡ/7）のポミエール＝レラギュー中尉はさらに1機のメッサーシュミットを撃ち落としたと報告しているが、その数秒後には彼自身も被弾し、炎上しながら墜落した。一体だれがかくも迅速に、飛行隊長の仇を討ったのか、真実は未だ明らかになっていない。というのも、メルダースはこのときまたしても敵機を誤認しており、本当の対戦相手は同作戦中、

まぎれもなく最高の性能を誇った、仏軍新型戦闘機ドヴォアチヌD.520だったのに、第53戦闘航空団第Ⅲ飛行隊はこの日の夕方に仕留めた3機の敵機は、すべてモラヌであったと記録しているのだ。

電撃戦の仕上げ
00.35 Hours on June 25

ヴェルナー・メルダースが去ったいま、競争はほかの者たちに引き継がれた。6月5日には第27戦闘航空団もまた戦闘に参加し、パリ北東部で22機以上の戦果を報告、そのうちの5機を仕留めたのは第27戦闘航空団第7中隊長のヴィルヘルム・バルタザル大尉であった。彼は9日後、さらに23機にまで更新された撃墜記録をもって、ドイツ空軍の戦闘機乗りのなかで2番目に騎士鉄十字章を受章。その後、メルダースの記録には2機およばなかったものの、地上で13機の敵機を破壊し、西部における同作戦中、最多記録達成者として注目を集めた。

フランスの戦闘機戦力は5月の3週間で痛ましいほどに切り裂かれてきたが、決して全兵力を使い切ったわけではなく、依然フランスに駐留する英空軍前進空襲部隊の戦闘機戦力とともに、いまや「赤」作戦に伴い、西部と南部で荒れ狂うドイツ軍の潮流に抗い続けていた。6月13日に発生した激しい空中活動もその一例で、第27戦闘航空団はこの日23機の撃墜を報告、そのうちの6機は、パリ東部モンミレル=プロヴァンス地区で独軍機甲部隊を攻撃していたバトルを、第Ⅰ飛行隊が仕留めたものだった。しかし、最終的な結末は揺るぎようがなかった。同6月13日、ヴァルター・エーザウ中尉が撃墜を報告したアミオ爆撃機1機は、第51戦闘航空団が仕留めた最後のフランス機となった。またその2日前には第53戦闘航空団が5機の戦果をもってフランス戦を締めくくっており、ロルフ・ピンゲル大尉は、このうち2機のMS.406の撃墜を報告し、自己の記録を6機に更新していた。さらにこのころは、将来騎士鉄十字章を受章するであろう別の戦闘機乗りたちが、最初の戦果を収めた時期でもあった。第2戦闘航空団のギュンター・ゼーガー、および第3戦闘航空団のアルフレート・ヘックマンとゲオルグ・シェントケはいずれも、6月初頭から戦果を獲得し始めた、未来のエースたちであった。

6月15日、マジノ線はついにザールブリュッケン付近で突破された。休戦協定はそれから一週間後に第26、第53戦闘航空団による象徴的な上空掩護の下、コンピエーニュで調印され、6月25日、0時35分より発効した。

すでにこのころ、戦闘機部隊の大半は、骨休めと再装備のためドイツに戻っていた。ゲーリングは対仏戦直後のパイロットらを、あえて海峡越しの戦いへ急き立てることなく、大勝利の余韻に浸らせておいたが、唯一、オスターカンプ大佐の第51戦闘航空団だけはイギリス対岸、カレー海峡への移動を命じられていた。かくして、Bf109E型を戦闘史の次章へと最初に送り込む役目は、「テオおじさん」と彼の部下が担うこととなった。対仏戦は終わったが、まだこの先には、打倒すべきイギリスとの戦いが控えていた。

chapter 6

バトル・オブ・ブリテンとその後
the battle of britain and after

英国本土航空戦におけるBf109部隊（1940年8月13日現在）

■第2航空艦隊司令部；ブリュッセル

		本拠地	保有機数/可動機数
第Ⅱ航空軍団（ヘント）			
Erpr.Gr.210：第210実験飛行隊* *Bf109E-4B戦闘爆撃機中隊1個、およびBf110中隊2個	ヴァルター・ルーベンステルファー大尉	カレー＝マルク	10/9
第2戦闘方面空軍（ワサン）			
Stab/JG3：第3戦闘航空団本部	カール・フィーク中佐	ウェル・オ・ボワ	3/3
Ⅰ./JG3：第3戦闘航空団第Ⅰ飛行隊	ギュンター・リュツォウ大尉	グランヴィル	33/32
Ⅱ./JG3：第3戦闘航空団第Ⅱ飛行隊	エーリヒ・フォン・ゼレ大尉	ザメ	29/22
第3戦闘航空団第Ⅲ飛行隊	ヴァルター・キーニッツ大尉	デブレ、ル・トゥケ	29/29
Stab/JG26：第26戦闘航空団本部	ゴットハルト・ハンドリック少佐	オデンベール	4/4
Ⅰ./JG26：第26戦闘航空団第Ⅰ飛行隊	クルト・フィッシャー大尉	オデンベール	38/34
Ⅱ./JG26：第26戦闘航空団第Ⅱ飛行隊	カール・エビヒハウゼン大尉	東マルキーズ	39/35
Ⅲ./JG26：第26戦闘航空団第Ⅲ飛行隊	アードルフ・ガランド少佐	カフィエ	40/38
Stab/JG51：第51戦闘航空団本部	ヴェルナー・メルダース少佐	ワサン	4/4
Ⅰ./JG51：第51戦闘航空団第Ⅰ飛行隊	ハンス＝ハインリヒ・ブルステリン大尉	ピアン nr カレー	32/32
Ⅱ./JG51（Ⅰ./JG71）：第51戦闘航空団第Ⅱ飛行隊 （第71戦闘航空団第Ⅰ飛行隊）	ギュンター・マテス大尉	西マルキーズ	33/33
Ⅲ./JG51（Ⅰ./JG20）：第51戦闘航空団第Ⅲ飛行隊 （第20戦闘航空団第Ⅰ飛行隊）	ハンネス・トラウトロフト大尉	サントメ＝クレマレ	32/30
Stab/JG52：第52戦闘航空団本部	メルハルト・フォン・ベルネッグ少佐	コケル	2/1
Ⅰ./JG52：第52戦闘航空団第Ⅰ飛行隊	ジークフリート・フォン・エシュヴェーゲ大尉	コケル	40/33
Ⅱ./JG52：第52戦闘航空団第Ⅱ飛行隊	ハンス＝ギュンター・フォン・コルナツキ大尉	ポプリング	39/32
（Ⅲ./JG52）：（第52戦闘航空団第Ⅲ飛行隊	アレクサンダー・フォン・ヴィンターフェルト大尉	ツェルブスト	31/11)
Ⅰ.(J)/JG2：第2教導航空団第Ⅰ（戦闘）飛行隊	ハンス・トリューベンバッハ大尉	カレー＝マルク	36/33
Stab/JG54：第54戦闘航空団本部	マルティン・メティヒ少佐	カンパニュ＝レ＝ギニー	4/2
Ⅰ./JG54（Ⅰ./JG70）：第54戦闘航空団第Ⅰ飛行隊 （第70戦闘航空団第Ⅰ飛行隊）	フベルトゥス・フォン・ボニン大尉	ギニー	34/24
Ⅱ./JG54（Ⅱ./JG76）：第54戦闘航空団第Ⅱ飛行隊 （第76戦闘航空団第Ⅱ飛行隊）	ヘルムート・ボーデ大尉	ヘルメリンゲン	36/32
Ⅲ./JG54（Ⅰ./JG21）第54戦闘航空団第Ⅲ飛行隊 （第21戦闘航空団第Ⅰ飛行隊）	フリッツ・ヴェルナー・ウルチュ大尉	南ギニー	42/40

■第3航空艦隊司令部；パリ

　　　　　　　　　　　　　　　　　　　　　　　　　　　　　　本拠地　　保有機数/可動機数

第VIII航空軍団（ドーヴィル）

Ⅱ.(Schl.)/LG2；第2教導航空団第Ⅱ(地上攻撃)飛行隊**	オットー・ヴァイス少佐	ベブリンゲン	29/31
**Bf109E-7戦闘爆撃機に改変			

第3戦闘方面空軍（ドーヴィル）

Stab/JG2：第2戦闘航空団本部	ハリー・フォン・ビューロウ=ボトカンプ大佐	ボーモン=ル・ロジェ	3/3
Ⅰ./JG2：第2戦闘航空団第Ⅰ飛行隊	ヘニヒ・シュトゥルンペル大尉	ボーモン=ル・ロジェ	34/32
Ⅱ./JG2：第2戦闘航空団第Ⅱ飛行隊	ヴォルフガング・シェルマン大尉	ボーモン=ル・ロジェ	36/28
Ⅲ./JG2：第2戦闘航空団第Ⅲ飛行隊	Drエーリヒ・ミックス大尉	ル・アーヴル	32/28
Stab/JG27：第27戦闘航空団本部	マックス・イーベル中佐	西シェルブール	5/4
Ⅰ./JG27：第27戦闘航空団第Ⅰ飛行隊	エドゥアルト・ノイマン大尉	プルメト	37/32
Ⅱ./JG27：第27戦闘航空団第Ⅱ飛行隊	ヴェルナー・アンドレス大尉	クレポン	40/32
Ⅲ./JG27（Ⅰ./JG1）：第27戦闘航空団第Ⅲ飛行隊（第1戦闘航空団第Ⅰ飛行隊）	ヨアヒム・シュリヒティング大尉	アルケ	39/32
Stab/JG53：第53戦闘航空団本部	ハンス=ユルゲン・フォン・クラモン=タウバーデル少佐	シェルブール	6/6
Ⅰ./JG53：第53戦闘航空団第Ⅰ飛行隊	アルベルト・ブルーメンザート大尉	ランヌ、ゲルンゼ	39/37
Ⅱ./JG53：第53戦闘航空団第Ⅱ飛行隊	ギュンター・フォン・マルツァーン大尉	ディアン、ゲルンゼ	38/34
第53戦闘航空団第Ⅲ飛行隊	ヴォルフ・ディートリヒ・ヴィルケ大尉	ブレスト、サンピ	38/35
			386-334

■第3航空艦隊司令部；パリ

第VIII航空軍団（ドーヴィル）

Ⅱ.(Schl.)/LG2；第2教導航空団第Ⅱ(地上攻撃)飛行隊**	オットー・ヴァイス少佐	ベブリンゲン	29/31
**Bf109E-7戦闘爆撃機に再装備			

第3戦闘方面空軍（ドーヴィル）

Stab/JG2：第2戦闘航空団本部	ハリー・フォン・ビューロウ=ボトカンプ大佐	ボーモン=ル・ロジェ	3/3
Ⅰ./JG2：第2戦闘航空団第Ⅰ飛行隊	ヘニヒ・シュトゥルンペル大尉	ボーモン=ル・ロジェ	34/32
Ⅱ./JG2：第2戦闘航空団第Ⅱ飛行隊	ヴォルフガング・シェルマン大尉	ボーモン=ル・ロジェ	36/28
Ⅲ./JG2：第2戦闘航空団第Ⅲ飛行隊	Drエーリヒ・ミックス大尉	ル・アーヴル	32/28
Stab/JG27：第27戦闘航空団本部	マックス・イーベル中佐	西シェルブール	5/4
Ⅰ./JG27：第27戦闘航空団第Ⅰ飛行隊	エドゥアルト・ノイマン大尉	プルメト	37/32
Ⅱ./JG27：第27戦闘航空団第Ⅱ飛行隊	ヴェルナー・アンドレス大尉	クレポン	40/32
Ⅲ./JG27（Ⅰ./JG1）：第27戦闘航空団第Ⅲ飛行隊（第1戦闘航空団第Ⅰ飛行隊）	ヨアヒム・シュリヒティング大尉	アルケ	39/32
Stab/JG53：第53戦闘航空団本部	ハンス=ユルゲン・フォン・クラモン=タウバーデル少佐	シェルブール	6/6
Ⅰ./JG53：第53戦闘航空団第Ⅰ飛行隊	アルベルト・ブルーメンザート大尉	ランヌ、ゲルンゼ	39/37
Ⅱ./JG53：第53戦闘航空団第Ⅱ飛行隊	ギュンター・フォン・マルツァーン大尉	ディアン、ゲルンゼ	38/34
第53戦闘航空団第Ⅲ飛行隊	ヴォルフ=ディートリヒ・ヴィルケ大尉	ブレスト、サンピ	38/35
			386-334

　「鷲の日」と名づけられたイギリスへの大規模空襲に向け、ドイツ空軍はふたたび保有するほぼすべての実戦用単発戦闘機戦力を、ひとつの地区、つまり海峡沿岸部へ集中配備した。ドイツ軍事史上二番目、かつ最後の航空兵力の対英大集結である。いまや配下の飛行隊3個すべてをベルリン郊外、北海

沿岸、スカンジナビアと広域に分散配備していた第77戦闘航空団は、またしてもこのなかには居なかったが、年が明ける前にはそのうちの2個飛行隊もフランスに配置された。

これ以外で、この英国本土航空戦に直接加わらなかった実戦用のBf109はといえば、カール・シュマッハーの本部4機小隊（たえず入れ替わっていたさまざまな訓練部隊や、海峡戦線への配備前後の戦闘飛行隊を投入しつつ、依然、ドイツ湾を防衛し続けていた）と、第1夜間戦闘航空団第III飛行隊がケルン＝オストハイムであいかわらず使用していたBf109D型、およびBf109E型夜間戦闘機の残余ぐらいのものであった。

英国本土航空戦そのものの経過については周知のとおりであり、よってここでは欧州本土戦で紹介したエースの、その後の戦歴に直結しない部分に関してはあえて繰り返す必要もなかろう。また、来るべき戦闘は、これまで以上に多くの未来のエクスペルテンに成功への第一歩を提供することとなり、のちには、そのなかから、戦闘機部隊中の最多得点者も生まれている。しかしまた一方では、同じく前途有望な経歴がいきなり断たれたり、まだ成りたての騎士鉄十字章保持者のうちから、最初の戦死者が出るといった事態も発生していた。

戦闘機部隊内においては、この戦闘が始まるまでの4週間の猶予を利用し、相変わらず雑然としていた組織の整理が進められていた。戦争勃発時から編成過程にあり、以来、飛行隊1個規模から成長することのなかった半ダースの戦闘航空団が、ここに来てついに改称され、既存の戦闘航空団へ編入されたのであった（詳しくは、戦闘序列を参照）。

メルダースの帰還
Return of Mölders

フランスの降伏はまた、捕虜の解放をももたらしていた。低地諸国上空戦の初期に撃ち落とされ、捕虜としてイギリス（そして多くはその後カナダへ）へ送還されたパイロットとは異なり、「赤」作戦中に捕虜となった者の多くは、依然、フランス軍の管理下にあったのだ。帰還兵のなかには、第53戦闘航空団のヴォルフ＝ディートリヒ・ヴィルケやヴェルナー・メルダースも含まれていた。メルダースは、かつて所属していた第53戦闘航空団第III飛行隊に宛てた長い手紙のなかで、3週間の楽しい休暇のことや、航空機調達および補給局長のエルンスト・ウーデットによって、ドイツ空軍のレヒリン飛行試験場に招待され、ハリケーンやスピットファイアなどの鹵獲機に試乗させてもらった際の印象を、次のように記している。

「ハリケーンは引込み式の降着装置を備えた、小さなタグボート（Jagddampfer）といった感じだ。我々の観点からすれば、双方ともに、非常に操縦しやすい。特にハリケーンはすなおで、その旋回は大岩のように安定しているが、性能となると、方向舵が重く、補助翼の反応が鈍い

この偽装されたエーミールに描かれている赤い「背を丸めた猫」（第51戦闘航空団第8中隊は紛らわしくも、これと似た図柄で黒い隊章を使用）は、ヨハネス・シュタインホフという一中尉が指揮官を務める第52戦闘航空団第4中隊の隊章であった。シュタインホフはやがて176機の撃墜を記録したのち、1945年4月8日、第44戦闘団のMe262でミュンヘン＝リームを離陸の際に墜落し、重傷を負う［本シリーズ第3巻「第二次大戦のドイツジェットエース」74頁を参照］。

など、Bf109よりかなり劣っている。離着陸に関しては、両機種ともにきわめて簡単だ。

「ハリケーンにくらべると、スピットファイアはワンランク上の戦闘機と言えよう。ただし、操縦しやすく、軽やかで、旋回がすばらしいなど性能の点ではBf109にほぼ匹敵するが、突然、急降下すると、毎回、数秒間はエンジンが停止することや、プロペラピッチの設定が「離陸」か「巡航」かの2種類しかないため、絶え間なく高度が変わる縦方向のドッグファイトでは、加速しすぎるか、あるいは最大推力をまったく生かせないような事態がつねに付きまとう、忌々しい戦闘機でもあった」

——以上を念頭に置きながら読む、本文の戦闘シーンも、また興味ひとしおであろう。

第54戦闘航空団第9中隊「黄色の11」号の前に立つヴァルデマール・ヴュブケ少尉は、ささやかな15機の戦果をもって終戦を迎えた。ヴュブケもまた、終戦間際の数週間をミュンヘン＝リームで、シュタインホフとともにガランドの第44戦闘団隊員として戦ったひとりであるが、彼の搭乗機は基地上空防衛中隊のFw190D-9であった。

■英仏海峡の空中戦
Cross-Channel Trafic

しかし、ほとんどの戦闘機部隊が本国で安閑と過ごしていたあいだも、英仏海峡を挟んだ往来がまったく途絶えてしまったわけではなかった。フランス戦と英国戦との隙間を埋めた最初の飛行隊は、ハンス・トゥルーベナッハ大尉の第2教導航空団第Ⅰ(戦闘)飛行隊であった。同飛行隊はフランス戦停戦の際にドイツへ引き揚げなかった数少ない部隊のうちのひとつで、72時間の休息ののちに、パ・ド・カレーの第51戦闘航空団へ従属していた。

かくして、適度に元気を回復したと思われる彼らは、フランス降伏後最初に海峡を渡ってきた英空軍の爆撃機部隊に立ち向かい、6月30日にメルヴィル飛行場を攻撃すべく送り込まれた第107飛行隊のブレニム9機中3機を撃墜した。これら3機の爆撃機中、2機を仕留めたのはヘルベルト・イーレフェルト中尉、3機目はエルヴィーン・クラウゼン上級曹長の戦果であったが、その一方で飛行隊はブレニムの報復攻撃により、ラウフート軍曹を失うこととなった。それから4日のうちに戦闘の舞台は海峡対岸に移り、ガイスハルト少尉がケントの海岸上空で第32飛行隊のハリケーン2機を撃墜(2機ともに損傷を受けて着陸)、グスタフ・シラー軍曹が戦死した。

7月最初の3週間は、テオ・オスターカンプ大佐麾下の飛行隊4個が、英国の沿岸航行船団を英仏海峡から締め出すべく攻撃に向かうドイツ軍爆撃機とシュトゥーカのために、ほとんど単独で護衛戦闘機任務にあたった。同任務によって、防御の英空軍戦闘機との一連の小競り合いにことごとく巻き込まれた彼らは、その結果として、つねに一定の割合で経験の浅いパイロットを失い続けることとなった。そしてこれは、同戦闘に参加したほとんどの戦闘航空団に共通した傾向となった。

たとえば第51戦闘航空団の場合、7月に失った10名のうち半数は1機たりとも撃墜に成功した経験はなく、残りの者についても5名全員の戦果の総計

はわずか11機であった。そしてこの割合はその後も不思議なほど変わらず、1940年7月から東部へ移駐する1941年6月までの間に同航空団が喪失した100名のパイロットのうち、まったく戦果の無い者が50名あまり、それ以外で、戦果が5機に満たない者は35名を数えていた。苛酷な状況における「自然淘汰」の法則である。もしもある若いパイロットが、最初の数回の任務を無傷で切りぬけられたなら、彼の生存の確率は――少なくとも短期、あるいは中期的な意味で――計り知れぬほど増大したのであった。

　その一方では生来のエクスペルテンが、戦果を増やし続けていた。たとえば7月10日、第51戦闘航空団第Ⅲ飛行隊が、Do17編隊の護衛の一部としてドーヴァー沖での船団攻撃に赴いたときのことである。彼らと一緒に護衛に就いた戦闘機は第26駆逐航空団第Ⅰ飛行隊のBf110であり、Bf110は敵の攻撃が始まると即座に、効果のない「防御円陣」を組み始めた（ゲーリング空軍ご自慢の「鉄騎兵」の装甲には、早くも最初の裂け目が出来初めていた）。かくしてドルニエの防御はBf109が一手に引き受けることとなり、その後のドッグファイトで第51戦闘航空団第7中隊長のヴァルター・エーザウ中尉が、初戦果2機撃墜を報告している。またその3日後にはオスターカンプ大佐が、ドーヴァー南部の海峡にスピットファイア1機を撃ち落としたと報告し（彼の獲物は、実は、同地区で行方不明となった第56飛行隊のハリケーン2機のうち1機であった可能性が高い）、彼にとって第二次大戦中6番目かつ最後の戦果となった。また7月19日、第51戦闘航空団第Ⅲ飛行隊が、フォークストーン沖を哨戒中のデファイアント中隊1個に不意打ちをかけた際には、何の問題もなく戦果が確認できた。このときトラウトロフト大尉の部下のパイロットたちは、デファイアントの射撃に曝されないよう下側後方から接近し、1分以内に4機を撃墜、炎上させたほか、損傷した別の2機を不時着、そして廃機処分に追いやった。

集結する戦闘機部隊
Congregating along the Channel

　やがてこのころまでには、故国での1カ月の休暇を終えたその他の戦闘飛行隊も、徐々に海峡沿岸に集まり始めていた。しかしその増強準備たるや、彼らを迎えるにあたり活動開始場所として手近で比較的起伏の少ない開豁地（かいかつち）をそれぞれに割り当てただけの、悠長なものにすぎなかった。このようなわけで、デブレでは地元のサッカー競技場が、キーニッツ大尉が率いる第3戦闘航空団第Ⅲ飛行隊の基地となった。またウルチュ大尉の第54戦闘航空団第Ⅲ飛行隊はオランダでの短期逗留から戻り、カレー近郊、南ギニーのある牧羊地に駐留することとなった。だがそこは、羊の足跡で深い溝ができていて、最初は離着陸の方が戦闘そのものよりも危ないと思われたほどであった。

いまや第51戦闘航空団第6中隊長となり、真剣な面持ちで部下に状況説明を行うヨーゼフ・プリラー中尉。右端のヘルベルト・フッペルツはDデイ［連合軍ノルマンディ上陸の日、1944年6月6日］の2日後、第2戦闘航空団第Ⅲ飛行隊長としてノルマンディ上空でP-47との戦闘中に戦死し、柏葉騎士鉄十字章を追贈された。

ボーモン＝ル＝ロジェの小麦畑に最初に降り立ったパイロット、第2戦闘航空団のフランツ・イェニシュ。かつてスペインでメルダースの僚機を務めたイェニシュ（スペイン内戦時代の戦果は1機）は、前の戦争の記念にと、有名なミッキー・マウスの隊章を独自に描き変えて搭乗機に印していた。写真は、100回目の任務飛行を完遂し、祝いの花冠を受け取ったところ。

なかには、広い小麦畑を刈りこまなければ活動を開始できなかったという戦闘飛行隊もあったが、第3航空艦隊のあるパイロットの場合は、そのような細かい作業もなかった。彼は、ある初期の任務ののち、草丈1.5m以上にも生い茂った広大な小麦畑へやみくもに着陸するよう命じられたという。命令は慎重に実行され、彼の機はプロペラによる細長い刈り跡を畑に残しながら地上に下り立った。そして、巻き上がった葉柄や土埃が落ち着いたころには、彼の4機編隊の残り3機も先の轍の真上に舞い降りた。しかしそのままでは、ふたたび離陸することができなかった。かといって、彼らは麦を刈り取ることはせず、畑はその晩のうちに踏みならされただけだった。翌日には残りの飛行隊機がやってきた。このようにして稼動し始めたのが、その後4年にわたり、第2戦闘航空団の主要基地のひとつとして機能し続けたボーモン＝ル＝ロジェ飛行場であった。

第2戦闘航空団の司令部本部兼、兵舎となったボーモンの別荘。一見豪華そうだが、前の所有者が放置していたため、接収した当初は毎晩「太った灰色のねずみどもが建物中を這い回り」、寝るときはいつも、弾を込めた拳銃を枕の下に入れていたと、「アッシ」・ハーン大尉が回想している。

　第27戦闘航空団第I飛行隊は早期に第3航空艦隊の管区に到着した、もうひとつの部隊であった。彼らはブレーメンより戻り、ノルマンディのプルメトに落ち着いたものの、その直後に彼らの指揮官を失うこととなった。7月20日、ドーヴァー沖でヘルムート・リーゲル大尉が複数のハリケーンに撃墜されたのである。有名な、アフリカ大陸の形に黒人と虎の頭を重ねた同飛行隊の記章は、ドイツの旧植民地に強い関心を抱いていた彼によって考案されたものであった。皮肉なことに、同飛行隊は年内にもまさにそのアフリカ上空において、彼らの全盛期に向けスタートを切るのであった（本シリーズ第5巻「メッサーシュミットのエース 北アフリカと地中海の戦い」を参照）。

　第52戦闘航空団第III飛行隊の場合もベルリンからカレー＝コクレに到着してからわずか48時間後の7月24日、ケント上空で第610飛行隊のスピットファイアと激しく交戦し、早々に、飛行隊長ヴォルフ・ディートリヒ・フォン・フーヴァルト大尉と2名の中隊長が戦死するという指揮官不在の事態に陥った。フォン・フーヴァルトの後継者は決定までに1週間を要したが、中隊長2名はただちに引き継がれた。そのうちの1名は史上3番目の撃墜記録を達成するまで生き長らえたギュンター・ラル中尉であった。しかし、別の1名はその翌日にフォークストーン沖で、同じ第610飛行隊のスピットファイアとまたも対戦し撃墜されている。これらも含め、飛行隊が初期に被った損失の影響は大きく、彼らは月が変わるのを待たずにドイツへ引き揚げていった。

英国上空のエースたち
Galland and Mölders

　7月24日、第52戦闘航空団第III飛行隊が第610飛行隊によって切り裂かれる直前のケント上空には、第26戦闘航空団第III飛行隊の姿もあった。彼らの前の指揮官は、あまり円満でないかたちで第51戦闘航空団第I飛行隊から移ってきたかのフォン・ベルク少佐であったが、彼が戦闘隊長として不適切であったために飛行隊は新たな指揮官を迎えていた。6月初頭に、彼の後を

上2葉●(上の写真の)手前に見えるBf109E型は、第27戦闘航空団第Ⅰ飛行隊付補佐官のギュンター・ボーデ中尉に支給されたもので、同飛行隊のアフリカ戦参加時よりかなり以前に航空団長のリーゲル大尉がデザインした、有名な「植民地」マークがはっきりと見える。後方で着陸しようとしている「黄色の11」号機のコックピット後方には、また別のごろ合せのマークがわずかに見えている。考案者はリーゲル大尉が戦死したときの戦闘で行方不明となった第27戦闘航空団第3中隊の4機編隊長、ウルリヒ・シェラー 少尉。愛称の「シェーレ」はドイツ語でハサミのことで、8月30日にケント上空で第253飛行隊のハリケーンに撃墜された「黄色の12」号機(下の写真)では、ハサミの片側に「r」の字を付け加えた編隊章がはっきりと写っている。

引き継いでいたのは、第27戦闘航空団付補佐官、アードルフ・ガランド大尉であった。そしてこの英国上空での第26戦闘航空団の初任務において、ガランドは8機の撃墜記録と空軍殊勲十字章をもつ第54飛行隊のエース、J・L・「ジョニー」・アレン少尉のスピットファイアを撃墜したが、同時に自身の部下2名を喪失した。彼はのちにこの敵地上空での英空軍との緒戦を評して、目の覚めるような体験であったと語っている。

かくしてガランドが動き出せば、かの恐るべきメルダースも安穏としてはいなかった。はたして、オスターカンプ大佐には、第2戦闘方面空軍司令官への昇進の知らせが届き、第51戦闘航空団司令の後任は、ヴェルナー・メルダース少佐が務めることとなった。前大戦のときから英軍に非常な敬意を払い続け、つねに彼らのことを、「ロード」[英国貴族に対する敬称]と呼んでいた「テオおじさん」は、航空団司令交代に際し、海峡対岸の敵を決して侮ってはならないという、慈愛に満ちた助言を与えた。だが、この助言はほとんど役に立たなかった。

7月28日、第51戦闘航空団第Ⅰ、第Ⅱ飛行隊機を従えたメルダースは、英国上空での最初の任務飛行に赴き、ドーヴァー付近で第74飛行隊と戦ったが、結果は部下3機の喪失と、さらに3機に損傷に終わった。これら損傷機のうちの1機は、空軍殊勲十字章保持者の「セイラー」・マラン少佐(このときまでに6機、終戦までに34機を撃墜)の機銃掃射によって機首から尾翼にいたるまで銃弾を浴びた、メルダース自身の戦闘機であった。負傷した彼は、傷ついたBf109をいたわるようにして海峡を渡り、ワサンに不時着。「テオおじさん」は空軍きってのエースが回復するまでの数日間、最愛の第51戦闘航空団を指揮するため留まることを許された。

ワイト島沖での大損害
Isle of Wight

8月1日には、アードルフ・ガランドがそれまでの17機の撃墜記録に対し、騎士鉄十字章を受章した。またこの8月の第一週目には、一時的にオランダの

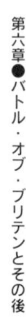

綿入りの元英空軍のアーヴィング飛行ズボンにすっぽりと下半身をおさめたアードルフ・ガランドが、自分のエーミールを何やら熱心に見入っている。地上員ふたりのこわばった面持ちから察して、何か飛行隊長にとって面白くないことが起こったのだろうか。1940年夏、第26戦闘航空団第Ⅲ飛行隊、オデンベールで撮影。

右●くついだようすのヴェルナー・メルダース(右端)は、いまや第51戦闘航空団司令に昇格。左端で騎士鉄十字章を佩用しているのは、第51戦闘航空団第Ⅲ飛行隊長のヴァルター・エーザウ大尉。中央左側の革製大外套姿は、元第一次大戦のエースで第2戦闘方面空軍司令に昇進したばかりの「テオおじさん」ことオスターカンプ。

下2葉●撃墜記録をのばすメルダース。航空団司令機(製造番号2804)の撃墜マークは1940年8月28日の時点で28個。3日後には32機目のマークが描きこまれた。

基地に駐留していた第27戦闘航空団第Ⅱ飛行隊と第54戦闘航空団第Ⅱ飛行隊が、英空軍爆撃機軍団の猛烈な報復攻撃に曝され、パイロットと飛行機の両方に損害を被るという目に遭っている。

しかし戦闘機戦力にとって最初の大損害と称すべきは8月8日に発生し、被害のほとんどは、Ju87がワイト島沖の船団を攻撃する際、護衛に就いていた第27戦闘航空団機に集中した。第27戦闘航空団第Ⅱ飛行隊長、ヴェルナー・アンドレス大尉の搭乗機はこの間に撃墜されたうちの1機であり、彼はその後、ドイツ空軍の優秀な空海救助隊によって救出されている。同航空団の尽力にもかかわらず、この作戦で撃墜されたシュトゥーカは8機を数え、損傷機はそのさらに2倍に上ったが、それはほんの序の口にすぎなかった。これまで無敵と思われたシュトゥーカ飛行隊の損失は日ごとに増え続け、最終的に戦力全体が戦いから手を引くにいたった。また、この8月8日の英空軍の襲撃は護衛の一部を務めたBf110にとっても厳しいものとなった。Bf110の損害はその後も戦闘が進行するにつれてふくらみ続け、最後は、彼ら自身が単発戦闘機の護衛を必要とするまでになるのであった。ポーランド戦の覇者、駆逐戦闘機は、もはや見る影もなかった。

また戦闘機部隊は8月11日と12日の両日で、あらゆる原因から全部で11機のBf109を全損あるいは損傷したと報告した。第53戦闘航空団第Ⅲ飛行隊長のハロ・ハーダー大尉も、8月12日の犠牲者のひとりだった。ワイト島東部の空中戦で11機目と12機目の戦果を報告したのち行方不明となった彼は、それから1カ月後に遺体となってディエップ付近の海岸に打ち寄せられた。そ

絶好調のメルダースに対し、第53戦闘航空団長のハンス=ユルゲン・フォン・クラモン=タウバーデルは、下降線上にあった。彼は生粋のアーリア人種と結婚しなかったことによってゲーリングの不興を買い、「古株」指揮官のなかでただひとり騎士鉄十字章を受章できなかったばかりか、7月末には部隊全体にトレードマークの「スペードのエース」を赤い帯で塗りつぶすよう命じられた。写真は第53戦闘航空団第Ⅱ飛行隊長ギュンター・フォン・マルツァーンの、機首の赤帯も鮮明なBf109。その前に立っているのは将来73機撃墜のエクスペルテとなり、柏葉騎士鉄十字章を受章するゲーアハルト・ミヒャルスキ。

8月13日より、ハロ・ハーダー亡きあとの第53戦闘航空団第Ⅲ飛行隊を率いたヴォルフ=ディートリヒ・ヴィルケ大尉は、ゲーリングの「政治的」な「スペードのエース」禁止令への仕返しとして、この9月6日にケント上空で撃墜された第53戦闘航空団第7中隊の「白の5」号機のように、指揮下の全飛行機のカギ十字を塗りつぶさせていた。先の命令がようやく撤廃されたのは、第53戦闘航空団の総戦果が500機に到達した11月20日のことで、この日を境に全事件は都合よく「忘れ去られ」、「スペードのエース」はふたたび、戦争の終わるそのときまで、同航空団の戦闘機を飾り続けた。

れ以降、彼の弟ユルゲンは、兄が忘れ去られることのないよう、自分が搭乗したほとんどすべてのBf109に「ハロ」の愛称を付け続け、1945年には彼自身が、戦闘機乗りとして戦死した3人のハーダー兄弟のうち最後のひとりとしてこの世を去っている（本シリーズ第5巻「メッサーシュミットのエース 北アフリカと地中海の戦い」97頁、カラー塗装図解説47〜48を参照）。一方、戦果を見ると、同じくこの48時間に未来の騎士鉄十字章受章者かつエクスペルテン2名が最初の撃墜を果たしている。ひとりは8月11日に勝利を収めた第51戦闘航空団第Ⅱ飛行隊のアルフレート・ラウホであり、もうひとりは第53戦闘航空団第Ⅲ飛行隊のエーリヒ・シュミットであった。シュミットは8月12日の1機目を皮切りに、英国本土航空戦中に全部で18機の戦果を獲得している。

■苛烈な空戦
Adlertag

8月13日、ドイツ軍は幾度かの遅延を経てついに「鷲の日」に乗り出した。しかしそれはやや歯切れの悪いスタートとなった。悪天候のため最後の土壇場で下された延期命令が、すべての部隊に行きわたらなかったのである。しかし時間の経過とともに攻撃は猛威を奮い、一日が終わるまでにドイツ軍が送り出した爆撃機数は延べ500機、その掩護に就いた護衛戦闘機の数はその2倍に上った。

この戦闘で単発戦闘機が被った損害はきわめて少なく、戦死、あるいは行方不明となったパイロットは5名に止まった。しかしその一方で、カール・エビヒハウゼン大尉の第26戦闘航空団第Ⅱ飛行隊が、海峡対岸に長居し過ぎために7機を不時着水によって失ったうえ、どうにかフランスの海岸線に到達したのちに、胴体着陸によってさらに5機に損傷を被るという事態が発生し、Bf109の航続距離の短かさが浮き彫りとなった。

各戦闘飛行隊の消耗率は9月15日を頂点としてその後4週間で最高を記録し、この期間中に完全編制の航空団3個分以上に相当する、400機近くのBf109が全損、あるいは損傷に見まわれた。しかし同時に、これらの数字が示す通り激しい戦いであったがために、すでに地位を確立したエクスペルテたちが記録更新の機会を得たのもまた事実だった。「鷲の日」の翌日にはガランド、ミュンヘベルク、シェプフェルがそれぞれの戦果を報告、その24時間後にはガランドがさらに3機を撃墜した。

8月の後半はまた、第27戦闘航空団第Ⅱ飛行隊のオットー・シュルツが

上●英国本土航空戦で、海峡上空を高高度で飛ぶ第27戦闘航空団第6中隊の4機編隊。この写真を撮影したユーリウス・ノイマン中尉のエーミール「黄の6」号機は、8月18日、損傷を受けてワイト島に不時着した。いくつかの文献によると彼を撃墜したのは、撃墜戦果19機の第43飛行隊のジム・「ダーキー」・ハロウェズ曹長であり、彼は同日、同じハリケーンでさらに3機のJu87をも仕留めていた。

下●第26戦闘航空団第9中隊のゲーアハルト・シェプフェル中尉もイングランド上空でこの「最悪の日」を迎えたが、彼の場合はかなり多くの戦果を獲得していた。方向舵上に印された撃墜マークのうち最後の4本は、同日、彼がカンタベリー周辺で撃墜を報じた第501飛行隊のハリケーン4機を示す。方向舵の上部を黄色く塗り分けた新たな戦線識別標識にも注目。

1940年8月、第26戦闘航空団第Ⅲ飛行隊のカルケ基地にて撮影。擬装され分散駐機中の戦闘機は、ゲーアハルト・シェプフェルの「黄の1」号機。Bf109のキャノピー下には赤、メルセデス=ベンツ340のドアには白で描かれた、第9中隊章「地獄の番犬」(Höllenhund)がともに際立っている。

シェプフェル機と同様の掩体壕を作る地上員たち。

地上員たちがエンジンの交換に先立ち、ドイツより到着したばかりの換装用のダイムラー=ベンツDB601エンジンを木箱から取り出す。

8月15日に、第51戦闘航空団第Ⅲ飛行隊のカール・「チャーリイ」・ヴィリウスがその3日後に戦果を報告したように、新人パイロットたちにエースへの第一歩を踏み出す機会が与えられた時期でもあった。そして8月24日、ある長髪のベルリンっ子が最初の獲物——スピットファイア——の撃墜を報告した。しかし、このハンス＝ヨアヒム・マルセイユは、海峡沿岸部での第2教導航空団第Ⅰ（戦闘）飛行隊および第52戦闘航空団第Ⅱ飛行隊時代、その自由で都会的で権威を畏れない態度から上官によく思われたことはなかった。真の才能が認められるのは、彼が1941年初頭に第27戦闘航空団第Ⅰ飛行隊に配属され、その後部隊とともにアフリカへ渡って以降のことであった［本シリーズ第5巻「メッサーシュミットのエース 北アフリカと地中海の戦い」を参照］。

8月には、新たに騎士鉄十字章受章者に名を連ねた者も多く、テムズ川河口上空で行方不明となった第51戦闘航空団第5中隊長のホルスト・ティーツェン大尉（おそらく戦果11機のエース、第85飛行隊のピーター・タウンゼント少佐のハリケーンに撃墜されたものと思われる）も、追贈の第一号として2日後に叙勲された。

上左●第26戦闘航空団の最初の騎士鉄十字章受章者3名。左から、シェプフェル、ガランド、ミュンヘベルク。

上右●撃墜戦果7機のコンドル軍団のエース、ホルスト・「ヤーコプ」・ティーツェン大尉。彼は開戦時から8月18日に戦死するまで第51戦闘航空団第5中隊長を務めた。

下2葉●アードルフ・ガランド少佐は8月22日に第26戦闘航空団に着任。左側の写真は、コックピットのなかから、いましがたの戦闘の模様を再現するガランドと、その話に聞き入る機付長。乗機のエーミールには規定の航空団司令標識と彼独自のミッキーマウスの個人マークが付いているが、いったん地上に降りれば、この通り、ガランドの別の「トレードマーク」——形の崩れた鍔付き帽と片時も離さない葉巻——が現れる。

「腕白小僧」が司令
Young Turks Kommodore

ところで、この時期は戦闘機の戦果が個人的にも、全体的にも増え続けていた。たとえばゲーアハルト・シェプフェルが8月18日に2分間で第501飛行隊のハリケーン4機を立て続けに仕留め（本人はのちにこの戦闘の直前の模様を以下のように語った。「私は突如、下方にハリケーンの1個中隊を認めた。それらは当時英空軍の戦術である3機ずつの密集隊形を組み、ゆるやかな螺旋を描きながら上昇中だった」）、ギュンター・リュツォウが8月24日にデファイアント2機を撃墜、その24時間後にはヘルムート・ヴィックが19番目と20番目の戦果を獲得（この日、第2戦闘航空団は今大戦250機目の勝利を記録）していた。にもかかわらずドイツ空軍のこうした攻勢は、現時点で一向に期待された成果をあげていなかった。これに対してゲーリングが出した答えのひとつは、依然としていくつかの戦闘航空団に残っている古株の司令たちを、すでに優秀な戦闘能力で定評のある若いパイロットらと交代させるというものであり、かくして8月末には、アードルフ・ガランドとハンネス・トラウトロフトがそれぞれ第26戦闘航空団と第54戦闘航空団の司令に迎えられたのであった。

しかし帝国元帥は、彼ら「腕白小僧」に部下の戦闘機部隊の成績向上を一任したのち、今後は爆撃機の航路から障害を取り除くため前方を遠く広く飛びまわる索敵攻撃的な任務を取りやめるという戦術変更を打ち出し、ただちに彼らの活動の自由を剥奪した。かくしてそれ以降は、たとえば3個もの戦闘航空団がわずか18機のHe111部隊の護衛でティルベリーの船渠へ向かった9月1日のように、爆撃機への直掩を務めることがBf109の任務となったのであった。

このような束縛にもかかわらず、初戦果の報告は途絶えることがなかった。たとえばこのティルベリー爆撃の間にも、のちに撃墜記録133機のエースとなる第52戦闘航空団のアルフレート・グリスラウスキと第53戦闘航空団のヴェルナー・シュタンプのふたりが最初の撃墜を果たしていた。また、その3日後には、終戦を迎えるまで同じ戦闘航空団に留まりやがて10代目かつ最後の航空団長を務めることとなる、第2戦闘航空団のクルト・ビューリンゲン軍曹が、西部戦線における112機の戦果のうち第1機

海峡戦線に新星現る。第2戦闘航空団のヘルムート・ヴィック中尉は、20機撃墜をもって8月27日に騎士鉄十字章を受章した。翌月に『ベルリナー・イルストリールテ・ツァイトゥング』の表紙を飾ったとき、彼の撃墜戦果はすでに写真の22機を上回っていた。

ザメの森に分散駐機中のエーミールに元気よく乗り込む第3戦闘航空団第II飛行隊付補佐官、フランツ・フォン・ヴェラ中尉だが……

……9月5日にケント上空でオーストラリア軍のエース、第234飛行隊のパット・ヒューズ大尉（撃墜戦果17機、本シリーズ第7巻「スピットファイアMk I/IIのエース 1939-1941」66頁を参照）に撃墜されたときのフォン・ヴェラは、こんな風に笑ってはいられなかっただろう。垂直安定板右側面は製造番号の記載がないため、プラスチックモデル愛好家は、右側面のスコアボードを描きこむ際には、全体的に下目に、8個の空中戦果はひとまとめにするよう注意したい。

目となる撃墜を報告した。
　その一方では、損害も出ていた。第3戦闘航空団第Ⅱ飛行隊補佐官がケント上空で撃ち落されたのは、第2戦闘航空団第Ⅲ飛行隊のオットー・ベルトラム大尉が過去4日間で3回目の2機撃墜を報告した9月5日のことであった。ここで特記すべきは、この飛行隊補佐官の垂直安定板に8個の空中戦果が印さ

1940年夏のイギリス海峡上空ではドイツ空軍側の損失が圧倒的に多かった。しかし、時には飛来した英空軍戦闘機が対岸へ帰れなくなることもあった。第603飛行隊所属、J・L・ケスター少尉のスピットファイアもその一例であり、彼は9月6日、Bf109の群れをフランスまで追ってきて、第54戦闘航空団第Ⅰ飛行隊長のフベルトゥス・フォン・ボニン大尉に撃ち落されてしまったという。写真は第54戦闘航空団第Ⅰ飛行隊のカンバーニュ＝レ＝ギニーの分散飛行場で撮影されたもの。胴体着陸でプロペラの羽根が折れ曲がったスピットファイアの横に、機首パネルの一部を取り外したエーミールが駐機している。

地上員が全面を明るい単色（リヒトブラウ＝ライトブルーか？）に塗りつぶしてしまう前に、先の英軍機を物珍しげにながめる同飛行隊のパイロットたち。スピットファイアXT-D X4260号の最終的な行方は不明。

また別の種類のミッキーマウスを付けたフベルトゥス・フォン・ボニンのBf109E。由来は同じく、コンドル軍団3/J88の隊章であったころのスペインに遡る。細かいまだら模様の機体上に印された白枠だけの飛行隊長標識にも注目。

9月の騎士鉄十字章受章者2名。9月14日に受章した第26戦闘航空団第Ⅰ飛行隊長のロルフ・ピンゲル大尉と……

……そしてその10日後の受章者、第2戦闘航空団第4中隊長のハンス・「アッシ」・ハーン中尉。

海峡戦線のもうひとりのハーンことハンス・フォン・ハーンはこのころ、コロンベールで第3戦闘航空団第Ⅰ飛行隊長を務めていた。彼が以前から付けていた「雄鶏の頭」の紋章(35頁の写真を参照)はいまや、「ターツェルヴルム」[Tatzelwurm＝竜に似た伝説上の怪物]の飛行隊章に場所を譲り、カウリングの上から後方へ移動している。

れていた点ではなく、彼がその後カナダでの抑留から逃れ、ドイツに戻ってふたたび空戦に参加したことである。このフランツ・フォン・ヴェラ中尉はのちに、「脱走してきた奴」として知られるようになった。だが、翌日の第27戦闘航空団第Ⅲ飛行隊長ヨアヒム・シュリヒティング大尉の場合はそれほど幸運ではなかった。彼はこの日撃墜された4機のうちの1機で、捕虜となったが、12月には「個人の戦果を追求することなく、護衛していた爆撃機編隊を見事に守り通した」として、騎士鉄十字章に輝いた。彼の撃墜記録はわずか3機であった。

9月の残りの期間、19機のBf109が帰らなかった「バトル・オブ・ブリテンの日」を含め、戦闘機戦力の兵力と装備の両方に絶え間ない損害が続いた[英国側からみた「バトル・オブ・ブリテンの日」(Battle of Britain Day)＝1940年9月15日については本シリーズ第7巻「スピットファイアMkⅠ/Ⅱのエース 1939-1941」第3章を参照]。しかし、メルダースとガランドの昔からのコンビは変わらず健在であった。ふたりはそれぞれ40機の撃墜を達成したことにより、9月21日と9月25日のわずか4日違いで、すでに佩用していた騎士鉄十字章に加えて柏葉騎士鉄十字章を拝受、これを祝うため数日間の特別休暇をも与えられた。ガランド不在中の第26戦闘航空団で指揮官を代行したのは、同航空団第Ⅰ飛行隊長のロルフ・ピンゲル大尉であったが、彼は9月28日、海峡上空で第238飛行隊のハリケーン1機に撃墜されてしまった。大尉は不時着水に成功し、その数時間後に空海救助隊の飛行機に救出されたが、この知らせを聞いたガランドの反応は「一日任せて田舎へ狩りに出かけたら、すぐにピンゲルの奴が撃ち落とされる始末だ!」と、あくまで冷たかった。

9月30日、ドイツ空軍戦闘飛行隊

9月にコロンベールに配置されていた第3戦闘航空団第1飛行隊のエーミールはすべて、同飛行隊お気に入りの角張った数字の機体番号を用いていた。

数字の形は、この第2中隊「黒の6」号機もまた同様。イングランド南部での戦闘から戻ったところで、草地に降り左主脚を折損。

冴えない差陸ゆえか、壊れたBf109から立ち去ろうとする、わびしげなケラー軍曹。主翼端には白い識別塗装が施されていた。

右頁下●第51戦闘航空団第6中隊長のヨーゼフ・プリラー中尉は20機撃墜に対し、10月19日に騎士鉄十字章を受章。個々の戦果は彼の「黄色の1」号機の垂直安定板の鉤十字の真上に、(機軸ではなく地面と平行に)直線でていねいに印されていた。

は28機以上のBf109を失うという、同戦闘中最大の損害を被り、その24時間後には、傷口に塩を塗るような命令がゲーリングから下された。海峡周辺に駐留する彼の全戦闘航空団中3分の1を、高速空襲のヤーボ戦力として戦闘爆撃機へ転向させるというのである。

輝ける星、ヘルムート・ヴィック
Luftflotte 3's Brightest Star

　メルダースとガランドが、ドーヴァー海峡とイングランド南東部上空でトップ争いを続けていたころ、海峡沿いの西辺では、ヘルムート・ヴィックという、第3航空艦隊随一の輝ける星が、僅差で彼らを追い上げていた。すでに騎士鉄十字章を受章し、いまや第2戦闘航空団第3中隊長から同航空団第I飛行隊長に

ついに戻らなかった第26戦闘航空団第4中隊のBf109E-3「白の4」号機（製造番号1190）。9月30日、ホルスト・ペレツ軍曹がイーストボーンに不時着させたもの。自慢げに飛行機の前で気を付けの姿勢をとるトミー［イギリス兵］のうしろには数字の「4」のみならず、第4中隊章の「虎の頭」も隠れてしまっている。その後このエーミールは宣伝用としてカナダやアメリカにわたり、それから20年後にふたたびイギリスに帰還、ドーセットにある［その後修復されダックスフォードで静態展示中］。

このBf109E-3、製造番号1190には5個の撃墜マーク（オランダ軍機2機、フランス軍機1機、イギリス軍機2機）が記されていたが、ペレツはエースではなかった。それらは前の「所有者」、第26戦闘航空団第4中隊長のカール・エビヒハウゼン大尉が、第II飛行隊長に昇格した際に残していったものであった。エビヒハウゼンは8月16日、総撃墜戦果7機をもってディール周辺で第226飛行隊のスピットファイアに落とされているため、新しい飛行機に乗り換えてから、さらに2機の撃墜を果たしたものと思われる。

下から2番目●ヴィルヘルム・バルタザルの製造番号1559機の尾翼には、10月半ばまでにさらに3個の撃墜マークが加わった。わずか6週間のうちにフランス上空で23機の空中戦果を獲得していた彼は、9月4日にカンタベリー上空で、第222飛行隊のスピットファイアに激しく打ちのめされたのち、さらに17機の撃墜戦果を加えるまでに丸一年を要することとなった。1941年7月2日には第2戦闘航空団司令として40機の撃墜戦果をもって柏葉騎士鉄十字章を受章し、その24時間後に戦死した。

まで昇進していたこのヴィック大尉が、同戦闘最大の快挙を記録したのは10月5日のことであった。それは、この日の午後早くにワイト島沖でハリケーン3機（第607飛行隊所属）を撃ち落としたのち、別の任務飛行でさらに2機のハリケーン（恐らく第238飛行隊所属）の撃墜を報告したもので、これによって彼の総戦果は42機に増大、柏葉騎士鉄十字章の受章と少佐への進級がもたらされた。

バトル・オブ・ブリテンの終わり
The Loss of Wick

それでもなお、このような戦闘の転機に当たり、Bf109F-0型試作機の実戦評価のため最初の3機を受領したのはメルダースであった。新型機での最初の任務飛行は10月9日に行われ、この新型が火力はともかく性能の点で、エーミール（Bf109E）より優れていることは即座に明らかとなった。そして2週間後、このことを痛切に感じさせる事件がメルダース本部の3機編隊中の1機に起こった。それはかつてメルダースが使用していたBf109E型機であり、操縦していのはハンス・アスムス大尉であった。彼は編隊とともに第501飛行隊の複数のハリケーンに急襲された際、仲間の素早いフリードリヒ（F型）に取り残されて撃墜され、戦争の残りの期間を捕虜として過ごすこととなったのである。

やがて戦闘はこのころまでに、急速に終結の方向へと向かい始めていた。イングランド南部への侵攻を狙った「あしか作戦」は、すでに10月12日に無期延期となっていた。そしてその5日後には騎士鉄十字章保持者の第53戦闘航空団第Ⅰ飛行隊長ハンス=カール・マイヤー大尉が、やや奇妙な状況で失われた。彼は、テスト飛行中の行方不明者として損失リストに登録された通り、確かに到着したての非武装の補充機Bf109E-7に乗って出撃していたが、実際にはどうやら、無線機も救命ボートももたずに海峡上空で苦戦している部下の飛行隊のあとを追っていったものと判明した。その後何が起こったかは不明であるが（マイヤーを撃墜したのは、第603飛行隊のスピットファイアであった）、彼の遺体は10月27日にケントの海岸に打ち上げられている。

マイヤーの遺体が発見された翌日、第1夜間戦闘航空団第Ⅲ飛行隊のBf110夜間戦闘機がシュレスヴィヒ=ホルシュタイン州で墜落し、乗員が死亡するという事故が発生した。パイロットは9月30日にサセックス上空で第27戦闘航空団第Ⅰ飛行隊付補佐官を務めていた兄弟のハンスを亡くしたばかりの、カール・ベルトラム軍曹であった。その後、彼の家族には、「最終生残子息保

飛行隊長のヘニヒ・シュトゥルンベル少佐を相手に、いかに急な旋回であったかを説明しているヘルムート・ヴィック中尉（左）。

こちらは、第2戦闘航空団司令ヴォルフガング・シェルマン少佐の横で、やや緊張気味のヴィック大尉（右）。

10月17日、非武装のBf109E-7に乗り、海峡上空で行方不明となった第53戦闘航空団第Ⅰ飛行隊のハンス=カール・マイヤー大尉。

戦闘が下火になり、部品回収のときがやってきた。カレー＝ポプリングへ戻れなかったこの「チビの」シューマン率いる第52戦闘航空団第5中隊、別名「人騒がせ」中隊の「ピンクの悪魔」号のように、イングランド南部地方にはさまざまな紋章をつけた戦闘機が散乱していた。

第2戦闘航空団第Ⅲ飛行隊長のオットー・ベルトラム大尉は、兄弟ふたりを戦闘で失った際に、作戦飛行から引退、その後作戦将校や訓練部隊長として、戦争の残りの期間を過ごした。

護法」が適用され、元コンドル軍団のエースで第2戦闘航空団第Ⅲ飛行隊長であったもうひとりの兄弟、オットー・ベルトラム大尉は戦闘任務から引退するとともに、騎士鉄十字章を受章している。

　活動の停滞にもかかわらず、騎士鉄十字章受章者は10月中から11月にかけてさらに増え続けた。しかし、彼らの多くはまだ無名のパイロットたちであり、依然として群を抜いていたのはメルダース、ガランド、ヴィックの三羽烏であった。メルダースは10月22日に50機目の撃墜を報告し、その9日後にはガランドが続いた。ふたりは11月28日までに戦果へそれぞれさらに4機と2機を加えたが、その後、わずか数日間だけ、この有名な二人組の存在が薄らいだ時期があった。

　11月半ば、ヴィリンガー准尉によって総戦果500機を達成した第2戦闘航空団において、そのうちの54機を獲得していたのは同航空団の新任司令であった。ヴィック少佐は10月20日、ドイツ空軍きっての精鋭である第2戦闘航空団の司令に任命され、その急速な昇進の頂点をきわめていた。それはまさに神の啓示を受けた人選であった。25歳のヴィックは生来の戦闘機乗りであるばかりか、司令としての才能をも備えていた。そして「ヴァディ」という愛称で呼ばれたメルダースの部下に対する優しさと、ガランドのような率直な物言いを兼ね備えた人物でもあった。この戦いの最中に何か必要なものはあるかとゲーリングに尋ねられたときのガランドの答え――「スピットファイアの1個中隊です、元帥閣下！」――はドイツ空軍で語り種となっているが、これほど有名ではないにしても、あるときヴィックが示した言動は、同様に彼の性格をよく表していた。

　それは彼がまだ一介の中隊長であったころ、彼の中隊が第3航空艦隊司令官フーゴー・シュペルレ元帥の査閲を受けたときのことだった。おきまりの、将官が所見を述べる段になり、（戦闘員だったらともかく）地上員ならもう少しマシな格好ができようにというシュペルレの言葉に対し、ヴィックがぶっきらぼうに、返した答えはこうであった。

　「彼らは日夜、我々の戦闘機を飛ばすために尽力しており、散髪などしている暇はありません」

　しかしヴィックの航空団司令時代は短命に終わった。彼は11月28日の正午過ぎ、ワイト島上空で1機の撃墜を報告したのちに燃料と弾薬の補給を済ませ、本部小隊の4機編隊で彼がもっとも好んだソーレント海峡南部の猟場へ部下を連れて舞い戻った。そして案の定、彼らは自分たちを邀撃しようと上昇して

「オチ」・ベルトラムは、第2戦闘航空団第1中隊長時代、この搭乗機「白の1」号機のカウリング上に描かれているような「ボンゾ・ドッグ」(Bonzo Dog)の中隊章を導入。彼はフランス戦真っ只中の5月19日、同機で4機目の撃墜を報告したのち、カンブレ付近に不時着している。
[Bonzo Dogは1920年代に流行したイギリスの漫画に登場するキャラクター]

くるスピットファイアの1個中隊を発見、航空団司令機とルードルフ・プファンツ中尉が乗った僚機は急降下攻撃をかけ、ヴィックはまたたく間に56機目の獲物を炎上、墜落させた。

だが、これが彼にとって最後の戦果となった。その後急降下から態勢を立て直したヴィックは、機体を激しくバンクさせ、別のスピットファイアの鼻先を素早く横切った。そのスピットファイアに乗っていたのは、第609飛行隊の空軍殊勲十字章佩用者ジョン・「コッキー」・ダンダス大尉であり、彼自身も16機の戦果をもつ英国本土航空戦の古参兵であった。ダンダス大尉はそのほんの一瞬を直感的にとらえて発砲、その短い連射がすでに激しく被弾していたメッサーシュミットに致命傷を与えたのか、ヴィックはキャノピーを吹き飛ばし機体から脱出した。その後、1個のパラシュートが風に漂いながらワイト島西端のニードルズ南西部の海へ落ちていく光景を最後に、このドイツ空軍のトップエースを見たものはなく、空海における必死の捜索にもかかわらずヴィックの行方はわからずじまいとなった。一方のダンダスといえば、彼もまた同様の運命をたどり、ヴィックの数秒後に「ルディ」・プファンツによってブールネマス沖に撃墜されていた[本シリーズ第7巻「スピットファイアMkⅠ/Ⅱのエース1939-1941」68頁を参照]。

「エーミール」から「フリードリヒ」へ
Re-equipped with the Bf109F

英国上空の戦闘はヴィックの喪失を最後に、事実上終止符を打つかたちと

10月末ころまでに、ドイツ本国では「戦闘機エース」人気が定着した。これは初期の騎士鉄十字章受章者8名を取り上げた雑誌の1ページである。「全員30歳以下」という見出しが付けられている。

来訪したエルンスト・ウーデット航空機調達および補給局長とともに、和やかに歓談する騎士鉄十字章受章者たち。左から、バルタザル、エーザウ、ガランド、ウーデット、メルダース、ピンゲル。

大半の戦闘機乗りの場合と異なり、ヘルムート・ヴィックは短くも輝かしい戦歴の後半のほとんどを、ひとつの飛行機に乗って過ごした。写真は、1940年盛夏、ボーモン=ル=ロジェの踏みならされた広大な小麦畑に駐機中の彼のE-4型(製造番号5344)で、「黄色の2」を付けた第2戦闘航空団第3中隊長時代のもの。カウリング上の中隊章、風防下の航空団章、胴体の珍種の鉄十字に注目。方向舵の撃墜マークの本数は、残念ながら不鮮明でよくわからない。

9月7日の第2戦闘航空団第Ⅰ飛行隊長への昇格に伴い、「黄の2」号機は飛行隊長用の二重シェヴロンに変更された。この5344には、機首とスピナーに黄色の識別塗装が施され、風防前面に防弾ガラスを追加、記入されている戦果マークはいまや全部で32個を数える。

同じくボーモン=ル=ロジェでの撮影。ヴィックのE-4型はもう1列分、10個の戦果マークを増やし、総戦果は42機に。これにより、彼は10月6日に柏葉騎士鉄十字章を受章し、そのちょうど2週間後には第2戦闘航空団司令に昇格した。そのほかに標識の変化はないが、側面が白い新しい尾輪タイヤが、高級車のようだ。

なった。12月第一週の天候の悪化により、沿岸地帯に基地を置く戦闘機部隊の草地の飛行場はほとんどが泥沼と化し、多くの飛行隊が内陸部へ引き揚げたのである。各部隊は冬期の休養と再装備のため12月のうちに撤収を開始した。だがこれは両手を広げて英空軍をフランス進出へと招いているようなものだった。

そして1941年1月10日、英空軍は11個以上の飛行隊の戦闘機を護衛につけた6機のブレニムでフランスへの爆撃を開始。この第1次「サーカス」作戦に乗り出したことで、彼らの「進出」の意志は明らかとなった。英空軍が反撃を

ヴィックが行方不明となる前日の撃墜記録54機を示す、5344号機の尾翼部分。細かい斑点模様の迷彩塗装が見事だが、方向舵の奇妙な塗り方は意図的なものか、それとも黄色いペンキと下地の塗装の化学反応によるものなのだろうか。かつての飛行隊章はこのころまでに、イアン・ワイリーによる本書のカバーにあるような規定通りの一組の航空団司令用戦術マークに変更されていた。

ヴィックの死に伴うふたつの皮肉。ひとつは、彼が最後の任務飛行に飛び立った直後、航空団本部にある命令が届いたことで、その内容は、今後ヴィックの戦闘飛行は禁じるというものであった。彼はいまや危険に曝すにはあまりに優秀な人材と見なされ、その傑出した技術はそれ以降新人パイロットの育成に活かされるはずであった。そしてもうひとつがこれである。ヴィックはいま一度、ベルリンーの人気新聞の表紙を飾っていた。写真は彼が右端に立ち「国家元帥がリヒトホーフェン航空団を訪問」と題されたものだったが、この48号の発行日は、左上にある通り、未帰還になった1940年11月28日だったのだ。

ヴィックが世を去ったのちも、ガランドとメルダースは相変わらず戦果の獲得数においてたがいに鎬を削っていた。写真は57個の戦果マークを付けたガランドのE-4/N（製造番号5819）の尾部。12月、オデンベールにて。

始めたことにより、海峡を隔てた空戦は、いまや振り出しに戻った。
［英空軍による「サーカス」作戦とその推移については本シリーズ第7巻「スピットファイアMk I/IIのエース 1939-1941」第5章を参照］
　しかし、このような初期の「サーカス」作戦によってドイツ空軍Bf109E型戦闘

機のパイロットたちに戦果獲得のチャンスが与えられたとしても（1月10日、のちに騎士鉄十字章受章者となる第3戦闘航空団のハンス・フォン・ハーンと、ゲオルク・ミヒャレクがともに撃墜を報告、2月5日には、ヴァルター・エーザウがサントメへの爆撃作戦である第4次「サーカス」作戦の英軍機に対し40機目の撃墜を果たしてその後柏葉騎士鉄十字章を受章）西部戦線におけるエーミールの時代は、幕を閉じようとしていた。

その後Bf109E型は海峡沿岸の一部の部隊では夏が本格化するまで、オランダおよび北ドイツの沿岸地域に配備していた第1戦闘航空団ではさらに長く投入され続けた。バルカン諸国上空や、北アフリカ戦とロシア戦線の初期においては、かつての栄光を取り戻したかのBf109E型であったが、西部戦線での主役の座は各戦闘飛行隊が祖国での冬期休業から戻ってくるにつれ、すでに機材更新された、あるいはまもなく更新予定であったBf109F型に、徐々に明け渡されようとしていた。

やがて1941年半ばころまでに、海峡戦線におけるエーミールの敗北が、勝利の数を上回るようになっていた。それは英国空軍が新型スピットファイアMkVを導入したためであったが、6月9日、ポートランド沖で一船団に対し低空から爆撃中の第2戦闘航空団第7中隊長ヴェルナー・マホルト大尉を撃墜

一方、柏葉騎士鉄十字章を佩用し、ヴァルター・エーザウ（右）と歓談するメルダースのエーミールは、まもなく、この辣腕パイロットによる60個の撃墜マークで飾られることとなる。

アードルフ・ヒットラーはいくつかの空軍基地を選び、クリスマスの慰問を実施した。彼ほどの要人の訪問によって、ゲーリングによる秋の海峡戦線視察は影が薄くなってしまった。写真は第3戦闘航空団の食堂で行われた晩餐会の模様。ヒットラーの左側に座る（写真向かって右側）のが航空団司令のギュンター・リュツォウ少佐であるが、総統のすぐ後ろに立つ伝令の表情は、何度見ても面白い。

冬の中休み。1941年1月、雪のなかでゲーアハルト・シェプフェルのBf109の前に立っているのは、第26戦闘航空団の技術将校ヴァルター・ホルテン中尉。上層部主導の戦闘に激しい反発を覚えたホルテンはまもなく航空団を去り、ふたたび兄のライマーとともに、画期的な全翼型飛行機の開発を始める。［ホルテン兄妹は戦前から無尾翼機の研究と実験で有名で、こののち無尾翼のジェット戦闘機を設計・開発する］

エーミールも引退へ。これは1941年4月、ブレストにて撮影されたガランドの乗機、製造番号5819。撃墜マークはいまや60個を数える。後方にかすかに見えるのは、航空団司令用の真新しいBf109F型。

方向舵に82個の戦果マーク、コックピット下にガランドの有名なミッキーマウスを付けたままの──ただしいまや航空団司令のマークに代わりに飛行隊長用の二重シェヴロンをつけた──5819号機。フランス、ビスケー湾沿岸のカゾーで第26戦闘航空団の訓練補充飛行隊機として稼働したのち、登録抹消となった。

したのは、英国海軍の駆逐艦が放った対空砲火だった。彼はあの盛況だった1940年夏からのエースであり、総戦果は32機に上っていた。

しかしながら、初期のBf109エクスペルテンに関するこの物語はロベルト・メンゲ──ノルウェー戦線での最高得点者であり、のちには第26戦闘航空団の本部小隊でアードルフ・ガランドの僚機を務めて戦果はいまや18機に上っていた──の喪失で締めくくられるべきであろう。それは、ソ連侵攻を一週間後に控えた6月14日のことであった。彼は第12次「サーカス」作戦に対抗すべくマルキーズから離陸しようとしたところを、第92飛行隊のジャミー・ランキン少佐（戦果22機）によって撃墜され、死亡したのだ。

会戦初期において短くもまばゆく光り輝いたエースたちの運命は、その後どうなるのであろうか。戦死者には、ポーランド戦のゲンツェン、ヴィック、そしていまやメンゲもが加わった。まもなくフランス戦での最高得点者バルタザルとメルダースもその後を追うであろう。そしてドイツ湾の英雄シュマッハーと、ガランドのふたりだけは生き延び、それぞれ事務官の執務室で、あるいはメッサーシュミット製の別の傑作機Me262の操縦席で終戦を迎えるのであった。

しかし彼自身は飛びつづけた。ヘンシェルHs123複葉地上攻撃機の開け放たれたコックピットに座ったポーランド戦から、Me262ジェット戦闘機を駆って戦った激動する帝国最期の日々まで、アードルフ・ガランドはつねに第二次大戦ドイツ空軍の典型的な戦闘隊長であった。

付録
appendices

Bf109E型の騎士鉄十字章受章者（1940年5月29日～1941年6月22日）

	受章時の所属	受章日	受章時の戦果	第二次大戦中の総戦果	（スペイン戦時の戦果）	備考（戦死、行方不明、あるいは捕虜など）
ヴェルナー・メルダース大尉	第53戦闘航空団	1940年5月29日	20	101	(14)	1941年11月22日
ヴィルヘルム・バルタザル大尉	第27戦闘航空団	1940年6月14日	23	40	(7)	1941年7月3日
カール・シュマッハー中佐	第1戦闘航空団	1940年7月21日	2	2	-	-
アードルフ・ガランド少佐	第26戦闘航空団	1940年8月1日	17	104	-	-
ホルスト・ティーツェン大尉	第51戦闘航空団	1940年8月20日(+)	20	20	(7)	1940年8月18日
ヴァルター・エーザウ大尉	第51戦闘航空団	1940年8月20日	20	117	(8)	1944年5月11日
ハリー・フォン・ビューロウ=ボトカンプ大佐	第2戦闘航空団	1940年8月22日				
マックス・イーベル大佐	第27戦闘航空団	1940年8月22日				
テオ・オスターカンプ少将	第2戦闘方面空軍	1940年8月22日	6*	6		
ヘルムート・ヴィック中尉	第2戦闘航空団	1940年8月27日	20	56	-	1940年11月28日
ハンス=カール・マイヤー大尉	第53戦闘航空団	1940年9月3日	20	31	(8)	1940年10月17日
ヴェルナー・マホルト上級曹長	第2戦闘航空団	1940年9月5日	21	32	-	1941年6月6日
ゲーアハルト・シェプフェル大尉	第26戦闘航空団	1940年9月11日	20	40		
ヘルベルト・イーレフェルト中尉	第2教導航空団	1940年9月13日	21	123	(7)	
ヨアヒム・ミュンヘベルク中尉	第26戦闘航空団	1940年9月14日	20	135	-	1943年3月23日
ロルフ・ピンゲル大尉	第26戦闘航空団	1940年9月14日	15	22	(4)	1941年7月10日
ヘルマン=フリードリヒ・ヨッペン中尉	第51戦闘航空団	1940年9月16日	21	70	-	1941年8月25日
ギュンター・リュツオウ大尉	第3戦闘航空団	1940年9月18日	15	103	(5)	1945年4月24日
ヴォルフガング・シェルマン少佐	第2戦闘航空団	1940年9月18日	10	14	(12)	1941年6月22日
ハンス・ハーン中尉	第2戦闘航空団	1940年9月24日	20	108	-	1943年2月21日
ヴォルフガング・リッペルト大尉	第27戦闘航空団	1940年9月24日	12	25	(4)	1941年12月3日
グスタフ・シュプリク少尉	第26戦闘航空団	1940年10月1日	20	31	-	1941年6月28日
ヨーゼフ・プリラー中尉	第51戦闘航空団	1940年10月19日	20	101	-	-
ディートリヒ・フラバク大尉	第54戦闘航空団	1940年10月21日	16	125	-	-
オットー・ブレトニュッツ大尉	第53戦闘航空団	1940年10月22日	20	35	(2)	1941年6月27日
ハンス・フィリップ中尉	第54戦闘航空団	1940年10月22日	20	206	-	1943年10月8日
オットー・ベルトラム大尉	第2戦闘航空団	1940年10月28日	13	13	(8)	-
ハインツ・エベリング中尉	第26戦闘航空団	1940年11月5日	18	18	-	1940年11月5日
アーノルト・リグニッツ少佐	第54戦闘航空団	1940年11月5日	19	25	-	1941年9月30日
ジークフリート・シュネル少尉	第2戦闘航空団	1940年11月9日	20	93	-	1944年2月25日
ヴァルター・アドルフ大尉	第26戦闘航空団	1940年11月13日	15	28	(1)	1941年9月18日
カール=ハインツ・クラール大尉	第2戦闘航空団	1940年11月13日	15	24	-	1942年4月14日
オットー・ハインツ中尉	第210実験飛行隊	1940年11月24日	1	1	-	1940年10月29日
ヨアヒム・シュリヒティング大尉	第27戦闘航空団	1940年12月14日	3	3	(5)	1940年9月6日
フランツ・フォン・ヴェラ中尉	第3戦闘航空団	1940年12月14日	8	21	-	1941年10月25日
ギュンター・フライヘア・フォン・マルツァーン少佐	第53戦闘航空団	1940年12月30日	13	68	-	-
ハンス=エッケハルト・ボブ中尉	第54戦闘航空団	1941年3月7日	19	59	-	-
エーリヒ・ルドルファー少尉	第2戦闘航空団	1941年5月1日	19	222	-	-
ゲーアハルト・ホムート中尉	第27戦闘航空団	1941年6月14日	22	63	-	1943年8月3日
グスタフ・レーデル中尉	第27戦闘航空団	1941年6月22日	20	98	-	-

(+) 追贈
*さらに第一次大戦で32機撃墜

　88ページの表から明らかなように初期の騎士鉄十字章受章者は、指導者としての才覚を認められたことによる、シュマッハー、オスターカンプなどの「古参」と、優れた戦闘技術による、メルダース、バルタザル、ガランドなどの「若者たち」のふたつに分かれている。大戦のこの段階では戦闘機パイロットの総戦果が20機に達した時点で騎士鉄十字章の叙勲が保障されたが、例外や特殊なケースもすでに出始めていた。その後撃墜20機という受章基準値は、戦争の経過とともに徐々に上り、1944年半ばころには東部戦線の第52戦闘航空団員の何人かが、100から125機の敵機を撃墜したのちに、ようやく叙勲されたという例もある。
　リストにあげたパイロットのなかには、1941年6月までに戦果を2倍の40機以上に伸ばし、柏葉騎士鉄十字章を受章した者も含まれている。メルダース（1940年9月21日）、ガランド（1940年9月25日）ヴィック（1940年10月6日）、エーザウ（1941年2月6日）、ヨッペン（1941年4月23日）、ミュンヘベルク（1941年5月7日）の6名である。1941年6月21日にはアードルフ・ガランドが69機の戦果をもって、全軍初の剣付柏葉騎士鉄十字章受章者となり、24時間差でメルダースに先んじた。翌月の16日には、当時東部戦線に従軍していたヴェルナー・メルダースが、世界初の100機撃墜を達成したことからダイヤモンド・剣付柏葉騎士鉄十字章に輝き、首位の座を取り戻すこととなった。ガランドは1942年1月28日にダイヤモンド・剣付柏葉騎士鉄十字を受章したが、このときの彼の西部戦線における戦果は、100機にあと6機足りなかった。

カラー塗装図 解説
colour plates

1
Bf109E-3 「黒のシェヴロンと横棒」 1940年春
イェーファー 第1戦闘航空団司令カール・シュマッハー中佐
　シュマッハーは厳密な意味においてはエースとはいえない。しかし、Bf109によるドイツ北部での作戦初期において重要な役割を果たしたため、よってここに彼が搭乗したうちの1機を掲載した。この初期のエミールにはスタンダードな迷彩塗装と、当時使用されていた正規の指揮官用戦術標識が完璧に施され、また、風防ガラスの下に、第1戦闘航空団本部の初期の標識が描かれている。しかし、このときまでにシュマッハーが獲得していた(たった)2機の戦果──1939年12月18日に第37飛行隊のウェリントンIAを仕留め、その9日後には第107飛行隊のブレニムIVの撃墜を報告──はどこにも示されていない。

2
Bf109E-4 「白の1」(製造番号1486) 1940年5月 モシ=ブルトン
第1戦闘航空団第1中隊長ヴィルヘルム・バルタザル大尉
　塗装は上記の飛行機と類似しているが、1939年から40年にかけての第1戦闘航空団第I飛行隊は、シュマッハーの第1戦闘航空団本部とはまったく無縁であり、このときまでは独立した東プロイセン飛行隊として活動、フランス戦後は第27戦闘航空団第III飛行隊と改称されている(キャノピー下の大隊の紋章と、同大隊特有ともいえるエンジン・カウリング上に個々の番号を記す標記法に注目)。なかでもバルタザル機は、アンテナ支柱に掲げられた中隊長機用の金属の旗と垂直安定板に印された11個の撃墜マークが特徴的。ちなみにこの11機中、最後の2機は、5月26日にカレー上空で撃墜を報告したスピットファイア(おそらく第19飛行隊所属)である。

3
Bf109E-4 「黒の二重シェヴロン」(製造番号5344) 1940年10月
ボーモン=ル=ロジェ 第2戦闘航空団「リヒトホーフェン」第I飛行隊長
ヘルムート・ヴィック大尉
　「黄の2」号機から航空団司令用の完璧な標識(91、92頁の写真、および表紙を参照)への変遷期を描いたもの。信じがたいことにこの製造番号5344号の塗装も、このように全体的に細かい斑点模様に塗られる前は、上記の2例によく似ていた。また、白の部分を削り、黄色味をつけること(白の上を薄めた黄色で一塗り)で、機体の鉄十字を目立たなくしている点にも注目。戦果を示す棒の描き方や並べ方が一定でないことから、5433号機は稼働期間中に方向舵を何度も取り替えていることがわかる。風防の下に描かれているのは「リヒトホーフェン」航空団の紋章。カウリングの上のマークは、長いあいだヴィック個人の紋章と思われてきたが、実は第2戦闘航空団第3中隊のものであった。これはしばらく前に中隊員のひとりがデザインしたもので、当時の中隊長ヘニヒ・シュトゥルンペルがスウェーデン系であったことに敬意を表して、青と黄色が使用されている。

4
Bf109E 「シェヴロンと三角」 1940年5月 フランス 第2戦闘航空団「リヒトホーフェン」第III飛行隊Drエーリヒ・ミックス少佐
　1940年初夏、一部のBf109に見られた外枠だけの階級章と飛行隊章の例。Drミックスは第一次世界大戦中に3機の撃墜を記録、第二次大戦ではさらに13機を撃墜し、ついにエースへの仲間入りを果たした。これは彼が5月21日にロワエ付近のフランス軍領内に不時着した際の搭乗機で、その方向舵上には全戦果13機のうち最初の2機が印されている。彼は引き続き第1戦闘航空団司令となり(1942年から43年)、その後ブルターニュ戦闘方面空軍司令を務めた。

5
Bf109E-4 「白の1」 1940年9月 ル・アーヴル
第2戦闘航空団「リヒトホーフェン」第7中隊長ヴェルナー・マホルト中尉
　激しい損耗はいうまでもなく、かなり塗りなおした跡が見られる英国本土航空戦終結間近のマホルトの搭乗機。方向舵上に印された26個の戦果から9月下旬ころの状態と推定される。(図版5と比較すると)より一般的な、内側を塗りつぶした数字と波形の飛行隊章に注目。このほかに航空団章と中隊章も印されているが、中隊章──シルクハットを押す親指の図──は、シュミット中尉とクレー上級曹長の共同デザインによる。マホルト(カバー裏に騎士十字章を佩用した彼の写真を掲載)はその後さらに6機の戦果を報告したのちの1941年6月9日、海峡洋上の船団を攻撃中に損傷を受けてドーセットに不時着した。

6
Bf109E-4 (製造番号1559) 「緑の1」 1940年8月 デブル
第3戦闘航空団第III飛行隊長ヴィルヘルム・バルタザル大尉
　8月下旬、第27戦闘航空団第7中隊長(元第1戦闘航空団第1中隊、図版2を参照)から第3戦闘航空団第III飛行隊長へ昇進した際、バルタザルはフランス戦で多くの戦果を獲得した前の中隊からの愛用機とともに異動していた。そのため、当初彼が第27戦闘航空団第III飛行隊章を風防前方に、白数字「1」をカウリングに残したため、同機にはマークが妙に重複している。彼はその白数字の「1」の上に第3戦闘航空団第III飛行隊の「戦斧」の標識を重ね、スピナーの先端を緑色(緑は本部小隊機の色)に着色し、さらに変わっていたのは、指揮官用のシェヴロンを描くべき場所に緑の「1」──そして第III飛行隊機の縦棒──を描いていた点であった。

7
Bf109E-4 (製造番号1480) 「黒のシェヴロン」 1940年8月
ザメ 第3戦闘航空団第II飛行隊付補佐官
フランツ・フォン・ヴェラ中尉
　フォン・ヴェラ機はまた別の標準型だがやや変わり種の、白の英国本土航空戦用戦術識別色をカウリングと方向舵に塗り、正規の飛行隊付補佐官用シェヴロン、飛行隊章、および横棒を付けている。個人的なマークは水平尾翼両側の(83頁参照)13個の戦果マーク(8機は空中で撃墜、5機は地上で撃破)のみ。彼は、カナダからの脱走劇ののち、アメリカを経てドイツへ戻り、第53戦闘航空団第I飛行隊長として東部戦線での戦闘飛行を開始。そこでわずか3週間のうちにさらに13機の戦果を収めた。同飛行隊はその後、Bf109F型への改変のため撤収、フォン・ヴェラは1941年10月25日、このフリードリヒでオランダ沿岸沖を飛行中、エンジントラブルで死亡している。

8
Bf109E-4 「黒のシェヴロンと三角」 1940年8月 コロンベール
第3戦闘航空団第I飛行隊長ハンス・フォン・ハーン大尉
　先の例と比較すると、「ヴァダー」のBf109E-4の塗装図は、黄色いカウリングと方向舵、色さまざまなスピナー、本部小隊員用の緑で描かれた第I飛行隊の「ターツェルヴルム」[Tatzelwurm=竜に似た伝説上の怪物]の記章、そして「若い雄鶏」を描いたパイロット個人の紋章など、かなり「あざやか」である。何より興味深いのは航空団司令用の標識の描き方で、フォン・ハーンは内側の小さい三角形を拡大し、それを別の記号のようにシェヴロンのうしろに配置していた点である。彼は、1942年初頭、第3戦闘航空団第I飛行隊が第1戦闘航空団第II飛行隊と改称されるのを見届けたのち、さまざまな参謀職を歴任、34機の戦果をもつ高地イタリア戦闘方面空軍司令として終戦を迎えた。

9
Bf109E-4 「黒のシェヴロン、三角と横棒」
1940年3月　ベニングハルト
第20戦闘航空団第I飛行隊長ハンネス・トラウトロフト大尉

　機体に過渡期の鉄十字（大きさは戦前のものと同様だが、境界線が広めで全体の均整が異なる）を付け、依然、尾翼のカギ十字を垂直尾翼の中央、方向舵へまたがるように描いたトラウトロフトのエーミールは、さらにふたつの興味深い特徴をもっている。1940年初頭にベルリン地区からヴェーゼル南西部ベニングハルトへ移駐した際に新たに採用された「低地ラインの斧」の飛行隊章と、シェヴロンに三角形の飛行隊長用マークである。トラウトロフトはこのマークに縦線を加えているが、この珍しい、おそらく唯一無二の組み合わせは、長いあいだ航空団司令機であることを示すと考えられていた。第20戦闘航空団第I飛行隊はその後、第51戦闘航空団第III飛行隊と改称されているが、トラウトロフトの名から連想されるのはむしろ、彼が1940年から1943年まで率いた第54戦闘航空団の方である。

10
Bf109E-4/N 「黒のシェヴロンと横棒」（製造番号5819）
1940年12月　オデンベール
第26戦闘航空団「シュラーゲター」司令アードルフ・ガランド中佐

　まぎれもなく、すべてのエーミールのうちでもっとも有名なガランドのE-4/N。航空団司令用の標識、方向舵上の57個の撃墜マーク、そしてお馴染みの白黒のミッキーマウスの個人紋章などが施されているが、これら外装上の標記はエーミールだけのものだった――このあとわずか3機を撃墜したのち、本機は航空団司令用の新たなBf109F-0とともにブレストでの分散配備につく。細かいことではあるが興味深いことにガランドが遠距離からでも敵味方を見分けることができたのは、風防ガラスから突出した眼鏡式照準器ではなく、普通の望遠鏡を使用したからであり、それは大きな差を生んだ利点のひとつであった。

11
Bf109E 「赤の16」 1940年3月　ベニングハルト
第26戦闘航空団「シュラーゲター」
第2中隊長フリッツ・ロージヒカイト中尉

　航空団と中隊の両方の標識を付けたロージヒカイト機。標準のライトブルー（ヘルブラウ）迷彩を施された、西部戦線開始直前における初期のBf109E型である。彼はフランス戦と英国本土航空戦を戦ったのち、1941年5月より東京のドイツ大使館で大使館付武官に着任。帰国後は西部戦線において第1戦闘航空団第I飛行隊長となり、その後東部戦線の第51戦闘航空団へ異動。最終的に68機の撃墜を果たし、第77戦闘航空団長として終戦を迎える。
［ロージヒカイトはドイツ空軍から派遣された伝習要員として、半年ほど日本に滞在していたその間に、日本が輸入したBf109Eを操縦してキ44（のちの二式単座戦闘機）の試作機と模擬空中戦を経験している］

12
Bf109E-4 「黄の1」 1940年8月　カフィエ
第26戦闘航空団「シュラーゲター」
第9中隊長ゲーアハルト・シェプフェル中尉

　おおむね先述のロージヒカイト機と似ているが、シェプフェル機は「地獄の番犬」（Höllenhund）を象った第9中隊の紋章と第III飛行隊の黄色い縦棒、中隊ペナントが特徴的。また、黄色に塗り分けられた方向舵の一部と尾翼と主翼端は新たな作戦地区の認識標識であり、フランス戦から英国戦への過渡期をうかがわせる。図に描かれた12個の撃墜マークのうち最後の4個は、シェプフェルが8月18日の午後にわずか数分で撃墜したことを報告した、第501飛行隊のハリケーン4機である。彼もまた戦争を生き延び、最後は撃墜記録40機の第6戦闘航空団司令として終戦を迎えている。

13
Bf109D 「白のN7」（製造番号630） 1939年12月　イェーファー
第26戦闘航空団第10（夜間）中隊長ヨハネス・シュタインホフ中尉

　同部隊は数少ない半独立夜間戦闘機中隊のひとつであり、これらの中隊のうちほとんどが機体の鉄十字の左側に「N」の文字、右側に個人の番号といった記号の組み合わせを使用していた（両側面ともに表記）。またこのシュタインホフのドーラ（Dora）［ドイツ軍が「D型」につける愛称］の垂直安定板に印された2個の撃墜マークは、かの12月18日、「ドイツ湾の戦い」で彼が撃墜を報じた2機のウェリントンである。第26戦闘航空団第10（夜間）中隊は、その後、本来の夜間戦闘機戦力に編入されたが、「マッキ」・シュタインホフは、そのかなり以前にまず第52戦闘航空団、次に第77戦闘航空団へと異動していた。彼はその後1944年12月にMe262装備の第7戦闘航空団司令に着任し、1945年初頭に第44戦闘団に参加、1945年4月18日に重傷を負うまでに、先述の2機に加え、さらに174機の戦果を収めていた。

14
Bf109E 「赤の5」 1939年9月　オーデンドルフ
第26戦闘航空団「シュラーゲター」第2中隊
ヨーゼフ・ビュルシュゲンス少尉

　1939年9月28日、ヨーゼフ・ビュルシュゲンスはこの標準的な初期型塗装を施したエーミールを操縦し、仏第5戦闘機大隊第II飛行隊（GC II/5）のカーチス・ホークH-75Aを撃墜したことにより、第二次大戦中に総計2700機の戦果を収める第26戦闘航空団に、記念すべき最初の獲物をもたらした。しかし、この会敵において彼自身も重傷を負い、フランス戦末期ころまで戦闘飛行に復帰できなかった。彼はその後、1940年6月9日から8月末日までに、9機の撃墜を加えたが、その後、リー付近で、Bf110の後部射手に誤射され、終戦まで捕虜として過ごすこととなった。ついでながら、「悪魔の頭」をモチーフにした第2中隊の古い紋章を、ロージヒカイト機（図版11）のものと比べられたい。

15
Bf109E-4 「二重シェヴロン」 1940年9月　モントルイユ
第27戦闘航空団第II飛行隊長ヴォルフガング・リッペルト大尉

　1940年初頭、色調をおさえる効果をねらって機体側面のライトブルーの上にまだら模様を施した例。黄のカウリング上に描かれた「ベルリンの熊」の飛行隊章は、第27戦闘航空団第II飛行隊の出身地を示す（同飛行隊は長いあいだ、改造した二階建てのベルリン・バスを、移動作戦室として使用していた）ヴォルフガング・リッペルトは、バルカン半島戦、および開始当初のロシア戦で第27戦闘航空団第II飛行隊を率いたのち、北アフリカ戦線へ移動、1941年11月23日にこの地で戦死した。最終結果は25機であった（本シリーズ第5巻『メッサーシュミットのエース 北アフリカと地中海の戦い』を参照）。

16
Bf109E-1 「赤の1」 1940年1月
クレフェルト　第27戦闘航空団第2中隊長ゲルド・フラム

　第27戦闘航空団第I飛行隊長のヘルムート・リーゲル大尉がドイツの旧植民地に興味を抱いていたことは、彼が、かの黒人と虎の頭をあしらった「アフリカ」紋章を考案、導入したことから周知の通りである。そして、彼の部下である第2中隊のパイロットたちはリーゲル以上であった。彼らは中隊長が「サモア」（Samoa）という地名を選んだように（中隊の塗装係にしてみればカウリング上に描くのに楽な名前である。なかには「ドイツ領南西アフリカ」（Deutsch-Südwest Afrika）などという名を選ぶ者もいたから大変だ）、各中隊機に旧植民地にちなんだ名前を付

けていた。アンテナ支柱の中隊長用のペナントと機体後部の斜線も特徴的。フラムは計10機の撃墜戦果をあげ、生きて終戦を迎えている。

17
Bf109E-1 「黒のシェヴロン」 1939年9月 オイティンゲン
第51戦闘航空団第I飛行隊付補佐官ヨーゼフ・プリラー中尉

　未来のエクスペルテ、ヨーゼフ・プリラーが使用した最初の実戦機は、規定通りの標識と飛行隊章を描かれ、緑2色の分割切片迷彩を施された破片模様のエーミールであった。初期の個人紋章──プリラーは自分のトレードマークとして「ハートのエース」をコックピット下に表示──にも注目されたい。彼はこのマークとともに（66頁を参照）10月から12カ月間、第51戦闘航空団第6中隊長としての最初の任務を果たし、その後第26戦闘航空団で真の名声を獲得した（「ハートのエース」のその後については「Osprey Aircraft of the Aces 9──Focke-Wulf Fw190 Aces of the Western Front」を参照）。やがて「ピップス」ことプリラーは、西部戦線の対連合軍戦だけで100機以上の撃墜を果たした数少ないパイロットのひとりとして、101機の戦果とともに終戦を迎えている。

18
Bf109E 「白の13」 1940年9月 ビアン
第51戦闘航空団第1中隊　ハインツ・ベーア曹長

　ハインツ・「プリッツル」・ベーアは、開戦時第51戦闘航空団に所属していたもうひとりの未来の「大物」であった。プリラーの「ハートのエース」同様、ベーアにも自分のトレードマークがあった。それは「幸運」の13番であり、彼はここに描かれたエーミールからMe262ジェット機にいたるまで、戦闘時に使用したほとんどすべての戦闘機にこの数字を記していた。そして、この「白の13」で獲得した8機の戦果は、終戦のころまでに総計220機にも増え続けるのである。また中隊章にはコンドル軍団3.J/88の影響を受けた、また別の種類のミッキーマウスを使用。この図柄は当時第51戦闘航空団第1中隊長であったダグラス・ピッチャーン中尉がスペインより持ち帰り、手を加えたものであった。

19
Bf109E 「黒の1」 1940年8月 マルキーズ
第51戦闘航空団第5中隊長ホルスト・ティーツェン大尉

　プリラーやベーアとは対照的に、第51戦闘航空団初の騎士鉄十字章受章者2名のうちのひとりであったホルスト・「ヤーコブ」・ティーツェンの戦歴は短かった。彼は図に示されている17機の戦果ののち、8月15日にわずか3機を加えたに過ぎず、その72時間後にはケント沖で行方不明となった。この当時飛行隊章は通常、第II飛行隊の横棒が配置されていた機体の鉄十字のうしろに描かれていた。図柄は、開戦当初に遡り、ドイツ空軍の初期の紋章図案のなかで頻繁に使用されていたネヴィル・チェンバレン英首相の傘の諷刺画であった。また、このころ、中隊長の搭乗を明かすようなペナントをアンテナに付ける習慣は廃止されつつあった。

20
Bf109E 「黒の二重シェヴロン」 1940年9月 コケル
第52戦闘航空団第I飛行隊長ヴォルフガング・エヴァルト大尉

　第52戦闘航空団第I飛行隊はしばらくのあいだ、飛行隊章を機体の鉄十字のうしろに印したもうひとつの飛行隊であったが、この「走る猪」の紋章がなぜ縮小され、目に付き易いエンジン・カウリング上から外されなければならなかったのか、正確な理由は定かでない──風防下の航空団の紋章を汚してはならないという上層部からの命令だろうか。東部戦線の第3戦闘航空団第III飛行隊長に着任する前は、わずか2機に留まっていたエヴァルトも、その後は総計75機まで着々と戦果を増したが、1943年7月14日にソ連軍の高射砲に撃墜され、それから長年にわたりソ連での抑留生活を余儀なくされた。

21
Bf109E（製造番号3335）「赤の1」 1939年10月
ボン＝ハンゲラー　第52戦闘航空団第2中隊　ハンス・ベルテル少尉

　第52戦闘航空団は全期間を通してBf109を使用し、ドイツ空軍の全戦闘航空団中で最高となる総計1万1千機以上の戦果を収めたが、開戦当初こうした成功の兆しはほとんど見られなかった。ハンス・ベルテルが全体をブラックグリーン（ドゥンケルグリュン）に塗られたこのエーミールで、飛行隊に最初の戦果（仏LeO.451）をもたらしたのは、1939年10月6日のことであった。彼はそれ以降11か月で、さらに5機を撃墜してエースの仲間入りを果たした後、飛行隊付補佐官を務めていた際、1940年9月15日「バトル・オブ・ブリテンの日」にケント上空で撃墜された。彼の撃墜は第41飛行隊のスピットファイアによって報告されたが、ベルテルの話によれば、彼はこのときすでに、空中衝突によって、尾翼部分を失っていたらしい。

22
Bf109E「白の8」 1940年9月 エタプル
第53戦闘航空団「ピーク・アス」[Pik-As＝スペードのエース]
第I飛行隊長ハンス＝カール・マイヤー大尉

　同機が二重シェヴロンではなく「白の8」を記していることから、ハンス＝カール・マイヤーは第53戦闘航空団第I飛行隊長に昇進した際、明らかに第1中隊長時代からの愛用機をそのまま使用し続けたものと思われる。方向舵の戦果マーク29個のうち最後の3個は、先述のハンス・ベルテルが撃墜された同じ9月15日に、マイヤーが撃墜を報告したハリケーンであった。彼はその後、さらに2個の戦果を加えただけで、10月17日には彼自身も海峡上空で行方不明となった。なお、黄色の識別色をふんだんに施すことで、問題の「赤い帯」（図版24を参照）を巧みに消している点に注目されたい。

23
Bf109E 「黒のシェヴロンと三角」 1940年3月
トリアー＝オイレン　第53戦闘航空団「ピーク・アス」
第III飛行隊長ヴェルナー・メルダース大尉

　1939年10月3日、マイヤーの前任者として第53戦闘航空団第1中隊長を務めていたヴェルナー・メルダースという人物が第III飛行隊長に昇進した。メッツ周辺で仏第3戦闘機大隊第II飛行隊（GC II/3）のモラヌ＝ソルニエMS.406戦闘機を撃墜して第二次大戦初のエースが登場したのは、それからちょうど5カ月後のことであった。このまさに記念すべき記録が、塗装図の尾翼に印された5個目の戦果マークである。彼のその後の戦歴は目覚しく、1941年7月16日、100機の撃墜記録を達成した最初の戦闘機パイロットとしてダイアモンド・剣付柏葉騎士鉄十字章を受章したことにより絶頂期を迎えた。しかし、それから4か月後、ロシアからエルンスト・ウーデットの葬儀へ向かう飛行中に事故に見まわれ、悲劇的な死を遂げることとなった。

24
Bf109E 「黒のシェヴロンと三角」 1940年8月
ヴィリアズ／ゲルンゼ　第53戦闘航空団「ピーク・アス」
第III飛行隊長ハロ・ハーダー大尉

　英国本土航空戦の最中、メルダースの後任の第53戦闘航空団第III飛行隊長が操縦したエーミールは、初期型でふち取りが細い機体の鉄十字にいたるまで、図版23と酷似していたが（ただし、カギ十字については、垂直安定板と方向舵にまたがる位置から安定板へ移動）、当時の第53戦闘航空団司令に対する国家元帥の非難の現れとして、同航空団の有名な記章「ピーク・アス」が赤い帯で塗りつぶされていた点だけは、明らかに異なっていた（このいきさつについては本文を参照）。図に描かれた6個の撃墜マークは、ハロ・ハーダーが前の部隊で収めた戦果を示す。彼はさらに48時間中に5機の撃墜──すべてスピットファイア──を報告するが、その後、8月12日にワイト島東部で行方不明となる。

彼を撃墜したのは、第609飛行隊のエース、D・M・クルック少尉であった（本シリーズ第7巻「スピットファイアMk I/IIのエース 1939-1941」を参照）。

25
Bf109E-3（製造番号1244）「白の5」 1939年10月
マンハイム＝ザントホーフェン 第53戦闘航空団「ピーク・アス」第4中隊
シュテファン・リトイェンス軍曹

　第53戦闘航空団は1939年秋にさまざまな分割模様の迷彩塗装を試用した。「シュテフ」リトイェンスのE-3はそのうちのひとつである。彼は1940年4月7日に最初の撃墜を報じ、同航空団が海峡戦線を離れるまでに戦果を7機へと更新、その後ロシアで片目の視力を失ったにもかかわらず、地中海戦、および本土防空戦に復帰するが、1944年にはもう片方の目をも負傷し、38機の戦果をもって実戦任務からの引退を余儀なくされた。

26
Bf109E 「白の1」 1939年10月 ヴィースバーデ＝エルベンハイム
第53戦闘航空団「ピーク・アス」
第7中隊長ヴォルフ＝ディートリヒ・ヴィルケ中尉

　ヴィルケのエーミールは、この時期の第III飛行隊機が多用した境目のはっきりした分割模様の迷彩を塗られている。鉄十字に関してはサイズは大きめの新型となっているものの、垂直安定板と方向舵にわたって描かれたカギ十字とともに、縁どりが細めな旧式のものを使用している。メルダース同様、しばらくのあいだフランス軍の捕虜となった「フュルスト」・ヴィルケは、解放後まもなく第III飛行隊長に昇進。英国本土航空戦、地中海戦、およびロシア戦で飛行隊を率いたのちに第3戦闘航空団司令になり、1944年3月、米軍のP-51マスタングとの空戦で戦死した。総戦果162機。

27
Bf109E-4 「白の1」 1940年10月 ヘルメリンゲン
第54戦闘航空団第4中隊長ハンス・フィリップ中尉

　ともにパ・ド・カレーに駐屯した第52戦闘航空団同様、第54戦闘航空団はむしろ、のちの東部戦線での功績で有名なのかもしれない。それでも同航空団からは4名が対戦初期の騎士鉄十字章受章者として名を連ねた。第54戦闘航空団第II飛行隊が第76戦闘航空団第I飛行隊としてポーランド戦を戦っていた際に初戦果を記録したハンス・フィリップ中尉もそのうちのひとりであり、ここに示した、細かいまだら模様のエーミールには、フィリップが戦果を収めはじめたころの撃墜マークが18個——最後の3機は10月13日に撃墜を報告した第66飛行隊のスピットファイア——描き込まれている。やがて彼は戦果を206機にまで伸ばしたのち、今度は彼自身が本土防空戦で米軍戦闘機の犠牲となった。黄色の認識標識とオーストリア系の部隊であることを示す「アスペルンのライオン」をかたどった飛行隊章に注目。

28
Bf109E-4（製造番号1572）「黒の3」 1940年9月 南ギニー
第54戦闘航空団第8中隊 エルヴィーン・レイカウフ少尉

　ここに描かれた5個の撃墜マークは、レイカウフがフランス戦と英国本土航空戦のどちらで獲得したものかについてさまざまな説があるが、後者である確率が高い。第II飛行隊（元第21戦闘航空団第I飛行隊）が個別の機体番号をカウリングのすぐうしろから、標準的な位置である胴体の鉄十字の前方へも移し始めたのは1940年半ば以降であったからである。飛行隊章はなく（本部小隊機にのみ表記されたといわれる）、その代わりに中隊章、第54戦闘航空団第8中隊の場合は「ピープマッツ」［Piepmatzは小鳥をさす幼児語、ぴい子ちゃん］を黄色いカウリング上に描いている点に注目。レイカウフはその後ロシア戦で飛行隊付補佐官を務める間に、さらに28機の戦果を収めた。

29
Bf109E-1（製造番号4072）「赤の1」
1939年9月 ユリウスブルク
第77戦闘航空団第2中隊長ハンネス・トラウトロフト大尉

　ハンネス・トラウトロフトは第20戦闘航空団第I飛行隊長（図版9を参照）に着任する以前、ポーランド戦において第77戦闘航空団第2中隊を率い、この間にスペイン戦での4機に加え、大戦中の戦果53機のうち最初の1機を撃墜した。赤いスピナーと機体後部の帯はおそらく中隊長機を示すマークと思われ（色は中隊の色）、小さい赤丸は第77戦闘航空団第I飛行隊が、以前、第132戦闘航空団第IV飛行隊であったことを意味しているのかもしれない。このエーミールのそれ以外の点については、迷彩塗装も標識もすべて1939年秋の標準である。「ほろ靴」のマークは飛行隊長のヨハネス・ヤンケ大尉が導入したもので、彼は自分の飛行隊を、「ヤンケの巡業サーカス」（Wanderzirkus Janke）という愛称で呼んでいた。

30
Bf109E 「黒の1」 1940年8月 オールボー
第77戦闘航空団第5中隊 ロベルト・メンゲ曹長

　ノルウェー戦で最多撃墜記録を達成したメンゲの搭乗機は、同時期のほとんどの第77戦闘航空団第II飛行隊機同様、ライトブルー（リヒトブラウ）の1940年型迷彩に、（マークや標識の部分をていねいに避けながら）さらに濃い色でまだら模様を吹き付けられていた。コックピット前方の飛行隊章に注目。塗装図のエーミールは、メンゲが8月13日、悲劇のオールボー急襲で飛来したブレニムIVのうち、4機の撃墜を報告した際のもの。彼はのちに第26戦闘航空団へ転属し、しばしばアードルフ・ガランド航空団司令の僚機を務めた。1941年6月14日、マルキーズから離陸の際に死亡した彼の最終的な撃墜戦果は、スペイン、コンドル軍団時代の4機を含め、18機に上っていた。

31
Bf109E 「黄の1」 1940年9月 クリスチャンサンド＝キイェヴィク
第77戦闘航空団第6中隊長ヴィルヘルム・モーリッツ中尉

　同じく、ライトブルー（リヒトブラウ）の機体側面と垂直尾翼の表面にまだら模様を加えた第II飛行隊の例だが、こちらは元の機体識別記号（N1+ZW）の跡がまだ残っている。元駆逐機パイロットのモーリッツは第77戦闘航空団では戦果を得られないまま、1941年1月に訓練部隊に転属となったが、帝国防空戦とロシア戦の両方を経たのちに本領を発揮し始め、やがては米重爆撃機に対する突撃戦術の第一人者となった。終戦時の彼の撃墜戦果は44機以上に達していた（「Ospey Aircraft of the Aces 9——Focke-Wulf Fw190 Aces of the Western Front」を参照）。

32
Bf109E 「黄の11」 1939年9月 ノルトホルツ
第77戦闘航空団第6中隊 アルフレート・ヘルト曹長

　何の変哲もない初期のエーミール。しかし、これが第二次大戦で英空軍機を撃墜した最初のドイツ軍戦闘機であるといわれている（1939月4日にウェリントン1機を撃墜）。迷彩塗装と標識は1939年秋の標準型であるほか、「カモメ」を象った初期の第77戦闘航空団第II飛行隊章（図版30と31に描かれた、のちのバリエーションと比較されたい）を付けているが、何より注目すべきはたった1本の撃墜マークである。アルフレート・ヘルトは、このエーミールで飛行中にノルトホルツで事故に見まわれ死亡、この1本の撃墜マークが垂直安定板を飾ったのは、わずか2週間足らずのあいだであった。

33
Bf109E（製造番号1279）「黄の5」 1939年12月
ヴァンゲローゲ 第77戦闘航空団第6中隊

(102頁に続く→)

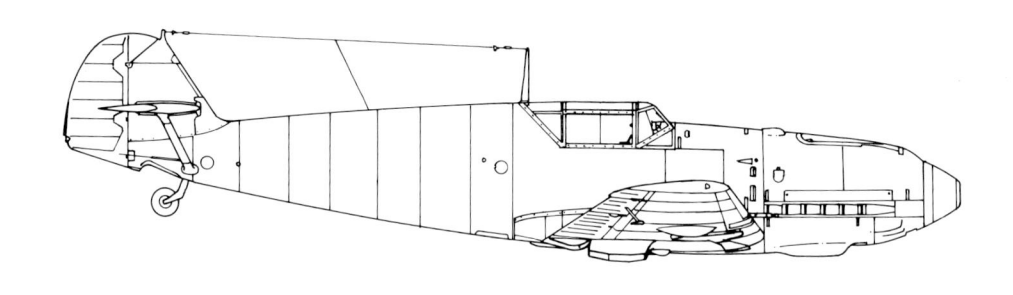

メッサーシュミットBf109E-3左側面、
上面、下面および前面図

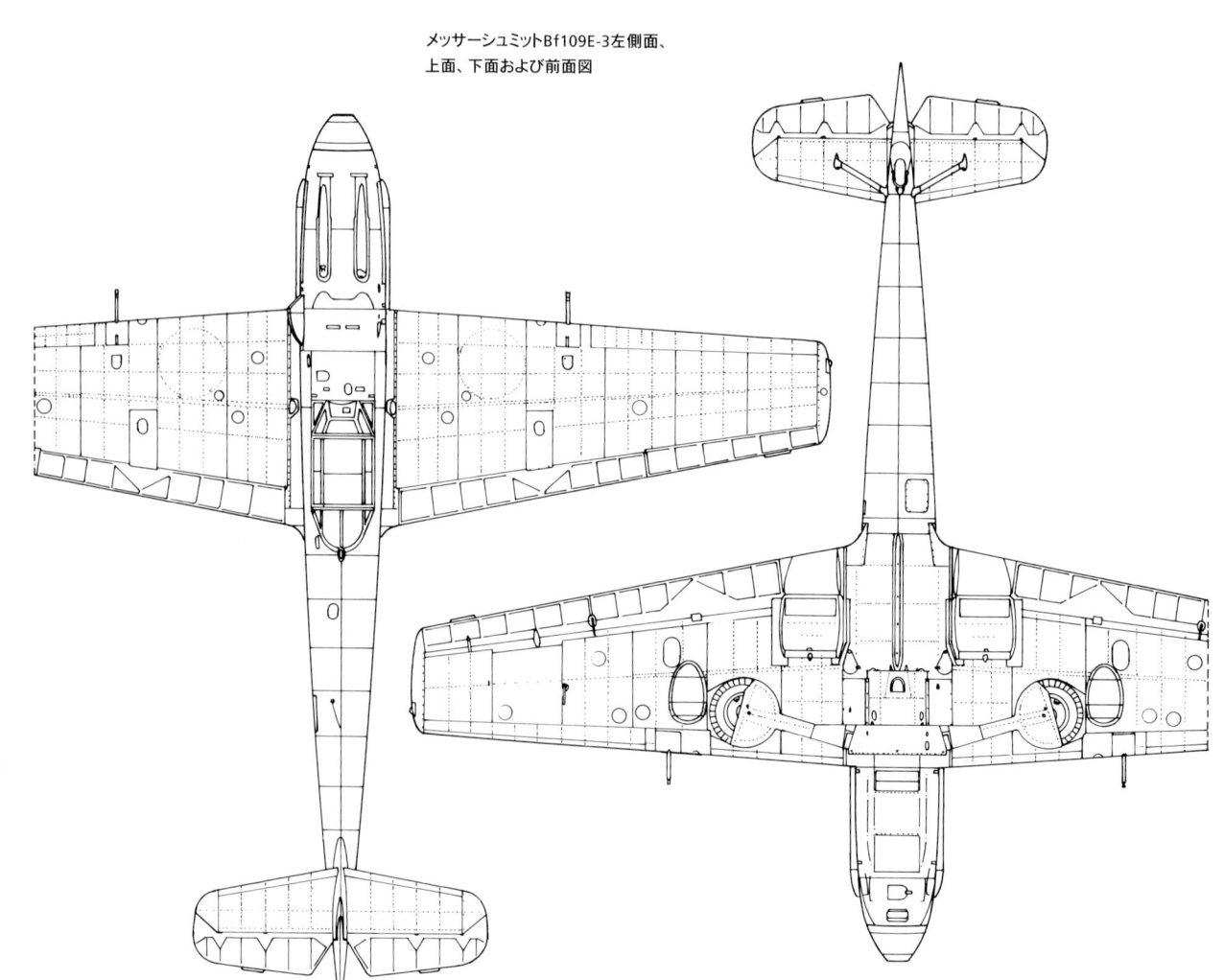

メッサーシュミットBf109
1/72スケール

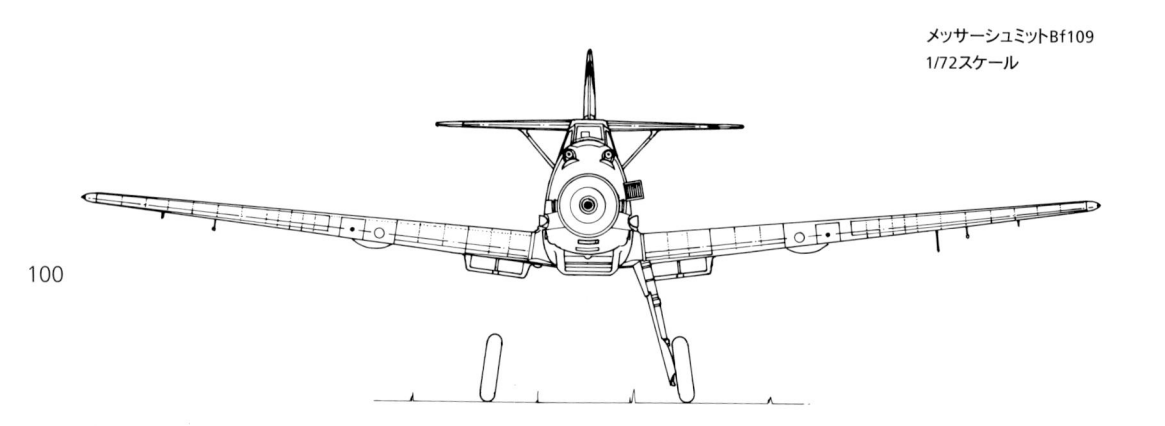

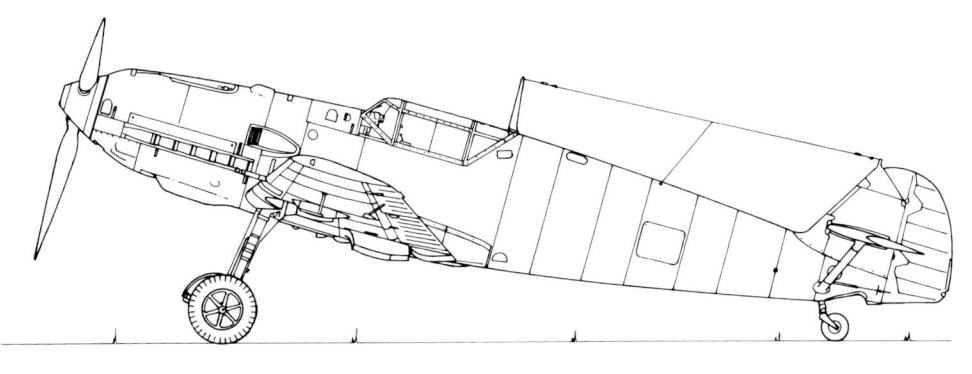

Bf109E-3

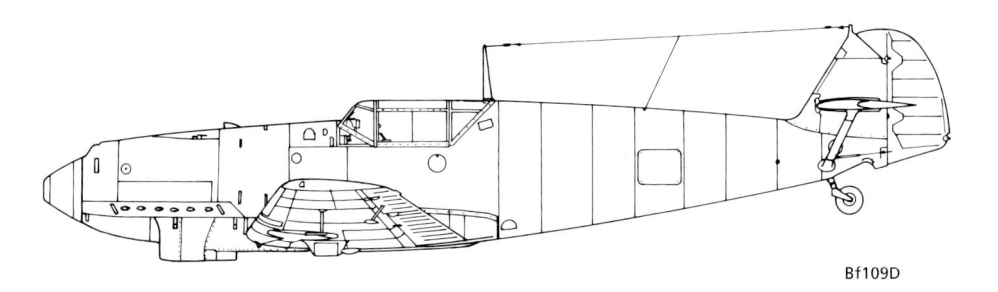

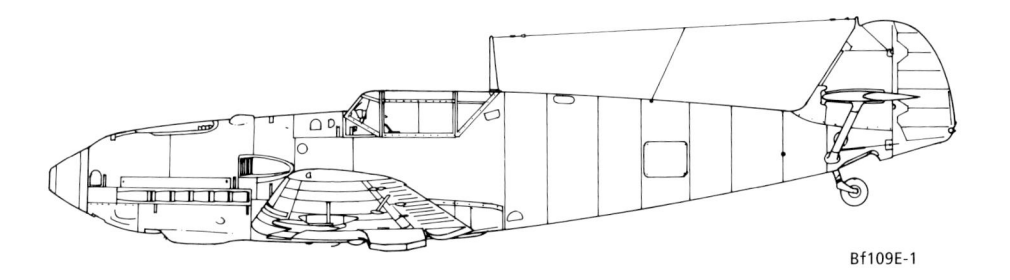

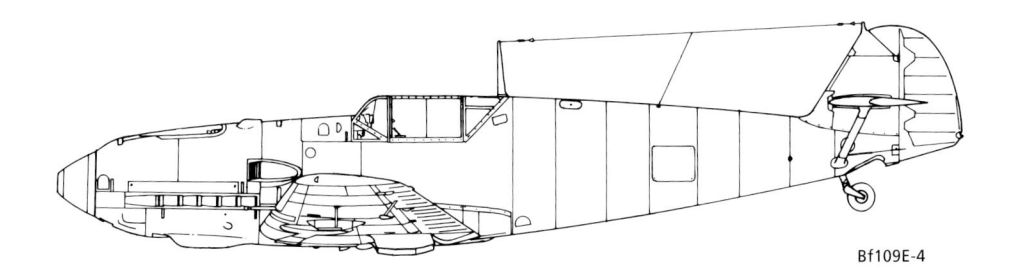

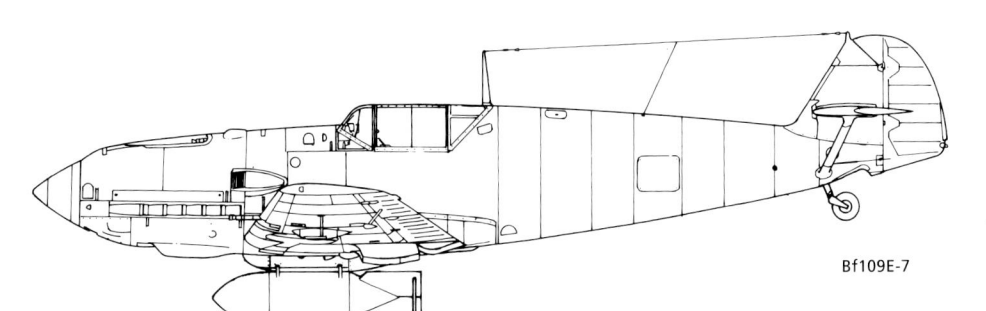

Bf109D

Bf109E-1

Bf109E-4

Bf109E-7

101

ハンス・トロイッチュ曹長

ヘルトとは異なり、9月4日の撃墜第一号を主張するもうひとりは生存し続け、12月18日のドイツ湾戦にも参加した。よってトロイッチュの1279号機の垂直安定板には、3個の勝利マークが印されることとなった。このふたつの戦闘のあいだに、第77戦闘航空団第Ⅱ飛行隊機は明らかに変化しており、特に、機体側面と尾翼がライトブルー(リヒトブラウ)で塗りなおされている点、機体の鉄十字の大きさと形状が変化した点、そしてカギ十字の位置が移動している点が目立つ。また、新しい飛行隊章のみならず、フランツ=ハインツ・ランゲ中隊長が導入した方向舵上の中隊章にも注目されたい。

34
Bf109D 「白のシェヴロンと三角」 1939年10月
ベルンブルク 第102戦闘飛行隊(第2駆逐航空団Ⅰ飛行隊)
ハンネス・ゲンツェン大尉

ポーランド戦唯一のBf109のエースが搭乗した証に、7個の撃墜マークを印すドーラ。風防の下に飛行隊章「ベルンブルクの狩人」も見える。機首に描かれた非公式の「黒い手」[秘密犯罪結社、暴力団の象徴。黒手団とも]の紋章はポーランド戦からのものか、あるいは西部戦線の前に付けたものなのか不明。ゲンツェンは西部戦線においてさらに2機の戦果を収めるが、Bf109Eで8機目を落としたのち、9機目かつ最後の戦果を、飛行隊が機種改変を済ませたBf110双発戦闘機をもって獲得した。しかしその後、1940年5月26日、同戦闘機でヌフシャトーから緊急発進の際に死亡した。

35
Bf109E 「黄の13」 1940年3月 ヴァンゲローゲ
第186輸送航空団第6(戦闘)中隊 クルト・ウッベン曹長

当初、結局は完成を見なかった航空母艦「グラーフ・ツェッペリン」への乗務を予定していた第186輸送航空団の第6(戦闘)中隊の紋章は、初期のBf109の中隊章のなかで、もっとも目立ったもののひとつであった。同中隊は惜しくもドイツ湾戦での活躍の機会を逃したが、「黄の13」号機のパイロットには、エクスペルテとしての将来が待っていた。「クッデル」・ウッベンは西部戦線開始当日に最初の獲物——ド・クーイ上空のフォッカーD-XXI——を仕留めたのち、ロシア戦と地中海戦を戦い、第77戦闘航空団内で進級、やがて第2戦闘航空団「リヒトホーフェン」の司令に任命された。110機目の戦果を最後に、1944年4月27日、フランス上空での対P-47戦で戦死した。

36
Bf109E 「黒の1」 1940年9月 マルキーズ
第2教導航空団第Ⅰ(戦闘)飛行隊長ヘルベルト・イーレフェルト中尉

このBf109はおそらくイーレフェルトが第2教導航空団第2(戦闘)中隊長であったころから搭乗したものと思われ、その黄色の戦術識別マークの形状は、コックピットの前あたりで奇妙な曲線を描いていたり、方向舵の一部分を塗り残してあったりと、少し変わっている。また、機体の鉄十字のうしろには、依然「シルクハット」をかたどった第2中隊章が残っている。すでに7機の戦果をもつコンドル軍団のエースであったイーレフェルトは、英国本土航空戦で20機以上の撃墜を記録している。その後さらに目覚しい活躍を遂げ、さまざまな飛行隊を率いたのちに、最後は123機の撃墜記録をもって第1戦闘航空司令として終戦を迎えた。

パイロットの軍装 解説
figure plates

1
第51戦闘航空団司令ヴェルナー・メルダース少佐
1940年9月後半 ワサン

「シルムミュッツェ」(Schirmmutze=鍔のついた士官用キャップ)と「ペルツシュティーフェルン」(Pelzstiefeln=飛行用ブーツ)とともに、上着と乗馬ズボンの標準型の士官用戦闘服を着用するヴェルナー・メルダース少佐。40機の撃墜記録を達成したことにより9月21日に授与された柏葉騎士鉄十字章を佩用。毛織の内手袋にも注目。羊革のジャケットは唯一規定外のもの。前を開けて着たジャケットの下からは、第一ボタンに第2級鉄十字章のリボン、左胸のポケットに第1級鉄十字章、ポケットの下にパイロット章が見えているほか、少佐の襟章もわずかにのぞいている。

2
第26戦闘航空団司令アードルフ・ガランド少佐
1940年10月 オデンベール

襟と肩の階級章が際立つアードルフ・ガランド少佐。ただし、パイロット章と第1級鉄十字章の位置が逆である(第2級鉄十字章のリボンはつけていない)。服装は基本的にメルダースと一緒だが、ガランドはこの時期出撃の際に好んで着用した、仕立て直した元英軍の飛行ズボンを履いており、まったく別の服装のようにも見える。くたびれた庇付き帽と葉巻の2点は、ガランドのいつものトレードマークである。

3
第3戦闘航空団第Ⅰ飛行隊長ギュンター・リュツォウ大尉
1940年10月初め グランヴィル

ギャバジンの野戦用略帽——兵士たちのあいだでは「シッフヘン」(Schiffhen=小舟)と呼ばれていた——を被り、ジッパー付きポケットがたくさん付いた、つなぎの夏用飛行服(Model K So/34)に身を包んだギュンター・リュツォウ大尉。士官用の標準ベルトとホルスター(中身は、パイロットへの支給品であった、小型の7.65mm自動拳銃)、リュツォウの階級を示す布製の袖章、および彼の撃墜戦果が15機に達したことにより、1940年9月18日に授与された騎士鉄十字章に注目。

4
第2戦闘航空団第Ⅰ飛行隊長ヘルムート・ヴィック大尉
1940年10月 ボーモン=ル=ロジェ

パイロット特有の熱のこもったポーズで、いましがたの接敵の模様を語るヘルムート・ヴィック大尉。このような姿勢のために、階級章や勲章が隠れてしまっているが、つぎあてポケットの付いた別型の戦闘用上衣と、右の袖口に「戦闘航空団リヒトホーフェン」の袖章が付いていることは確認できよう。海峡上空での任務飛行から戻ったばかりといったようすは、革製の飛行ヘルメット、マイクロフォンのコード、カポックを詰めた救命胴衣、そして左側の飛行ブーツに挿した地図などからもうかがわれる。

5
第53戦闘航空団第Ⅱ飛行隊長ハインツ・ブレトニュッツ大尉
1940年9月 ディナン

ヴィックのものと異なり、空気で膨らませるタイプの新型の救命胴衣を着用したハインツ・ブレトニュッツ大尉。左胸にはマウスピース、腰には圧縮空気のシリンダーを装着。遠方からでも目立つように黄色いヘルメットカバーを付けている点や、実際に海峡内へ緊急着水した場合を想定し、左側の飛行ブーツに信号弾の弾帯を備えている点など、1940年晩夏における戦闘の性質上、Bf109のパイロットたちが水上での戦いを余儀なくされていたことがイラストからうかがえる。信号弾は、

83mmの短い方は星型火焔信号弾1発、135mmの長い方は星型火焔信号弾2発を発射し、ともに良好な視界で2.5km強の距離から視認可能、燃焼時間は約6秒間であった。

6
第51戦闘航空団第Ⅰ飛行隊長ヘルマン=フリードリヒ・ヨッペン大尉
1940年8月後半　ピアン

　最後に、お馴染みのスタイルだが、このような組み合わせ方もあった。ヘルマン=フリードリヒ・ヨッペン大尉は、冬用の飛行スーツのズボン（ボタンポケット付き）と個人的に購入したファーカラーのジッパー付き革製ジャケットを着用。このタイプのジャケットは多くの戦闘機パイロットが好んで着たもので、スタイルやデザインのほか、階級章、勲章、そしてこの図にあるような正肩章などの有無にいたるまで、種類は実にさまざまであった。なお、ここで紹介した人物画はどれも一様に同じ靴、すなわち「ペルツティーフェルン」（Pelzstiefeln＝飛行用ブーツ）を履いているが、手袋は、明らかに個人的な好みで選んでいたようだ。

◎著者紹介｜ジョン・ウィール　John Weal
英国の航空誌『Air Enthusiast』のスタッフ画家として数多くのイラストを発表。ドイツ機に強い関心をもち、本シリーズで精力的に執筆活動を続けている。また、このほかにも同じくオスプレイ社の『Combat Aircraft』シリーズでJu87シュトゥーカの戦歴に関する著作などをものしている。

◎日本語版監修者紹介｜渡辺洋二（わたなべようじ）
1950年愛知県名古屋市生まれ。立教大学文学部卒業。雑誌編集者を経て、現在は航空史の研究・調査と執筆に携わる。主な著書に『本土防空戦』『局地戦闘機雷電』『首都防衛302空』（上・下）『ジェット戦闘機Me262』（以上、朝日ソノラマ刊）。『航空ファン イラストレイテッド 写真史302空』（文林堂刊）、『重い飛行機雲』『異端の空』（文藝春秋刊）、『陸軍実験戦闘機隊』『零戦戦史「進撃篇」』（グリーンアロー出版社刊）など多数。訳書に『ドイツ夜間防空戦』（朝日ソノラマ刊）などがある。

◎訳者紹介｜向井祐子（むかいゆうこ）
1962年静岡県清水市生まれ。津田塾大学英文科卒業。金融関連外資系企業勤務を経て現在に至る。訳書『パンツァーユニフォーム』『鉄十字の騎士』『重戦車大隊記録集』『第二次大戦のドイツジェット機エース』『ティーガー I 重戦車 1942-1945』、ビデオ『電撃の緒戦』『狙撃兵』『クルスク戦』（いずれも大日本絵画刊）などがある。

オスプレイ・ミリタリー・シリーズ
世界の戦闘機エース **11**

メッサーシュミットBf109D/Eのエース 1939-1941

発行日	2001年7月8日　初版第1刷
著者	ジョン・ウィール
訳者	向井祐子
発行者	小川光二
発行所	株式会社大日本絵画 〒101-0054 東京都千代田区神田錦町1丁目7番地 電話：03-3294-7861 http://www.kaiga.co.jp
編集	株式会社アートボックス
装幀・デザイン	関口八重子
印刷/製本	大日本印刷株式会社

©1996 Osprey Publishing Limited
Printed in Japan
ISBN4-499-22756-9 C0076

BF109D/E Aces 1939-41
John Weal
First published in Great Britain in 1996,
by Osprey Publishing Ltd, Elms Court,
Chapel Way, Botley, Oxford, OX2 9LP.
All rights reserved.
Japanese language translation
©2001 Dainippon Kaiga Co., Ltd.